INTRODUCTION TO MAKEUP

메이크업 입문

구민사

저자약력

안진정 | 현) 수원여자대학교 예술학부 미용예술과 메이크업미용 전공

이햇님 | 현) 대경대학교 뷰티학부 메이크업전공
현) 대경대학교 향장연구소장

윤재임 | 현) 송곡대학교 K-Beauty학과 겸임교수
현) 수원여대 외래교수

메이크업 입문

초판 인쇄 2021년 8월 23일
초판 발행 2021년 8월 31일

저　　자 | 안진정 · 이햇님 · 윤재임
발 행 인 | 조규백
발 행 처 | 도서출판 구민사
(07293) 서울특별시 영등포구 문래북로 116, 604호(문래동3가 46, 트리플렉스)
전　　화 | (02) 701-7421(~2)
팩　　스 | (02) 3273-9642
홈페이지 | www.kuhminsa.co.kr
신고번호 | 제 2012-000055호 (1980년 2월4일)
I S B N | 979-11-5813-939-1 (93590)

정　　가 | 25,000원

P/R/R/F/A/C/E

21세기 현대사회는 산업발달과 고학력화, 자기계발 등으로 현대 여성들의 사회생활이 증가되었다. 이로 인해 모든 여성들의 일반화 된 미의 개념이 구축되었고, 외모에 대한 관심도 높아졌다. 외적이미지는 상대에게 나를 전달하는 중요한 도구로 인식되어지고 있으며, 오늘날 이미지 메이킹의 중요함이 강조되면서 여성들은 이미지 향상을 위한 메이크업에 대한 관심이 많아졌다. 이와 같은 요구를 반영하여 본 교재는 여성들이 본인의 얼굴에 장점을 한층 돋보이게 하고 결점은 감추어 아름답게 표현해 주는 메이크업의 기본 지식과 베이스 메이크업부터 색조메이크업까지의 스킬을 쉽게 이해하고 접할 수 있도록 다음과 같은 내용으로 구성되었다.

Part 1은 '메이크업에 도움이 되는 미용학개론'으로 미용의 전반적인 기초 이론을 담았으며, 미용의 상호보완적이며 연결성, 전체성을 학습하기 위한 피부과학, 모발학, 손톱과 발톱, 메이크업과 색채에 대하여 중점적으로 서술하였다.

Part 2는 '메이크업의 이해'로 메이크업의 의미, 메이크업의 목적, 메이크업의 기능, 메이크업의 T.P.O, 메이크업의 기원, 메이크업의 동기 및 필요성을 적용시켜 구성하였다.

Part 3은 '메이크업 기초 실기'로 얼굴의 프로포션, 얼굴의 부위별 명칭, 메이크업의 기본도구의 종류와 기능, 메이크업의 제품의 종류와 기능, 베이스 메이크업, 아이브로, 아이섀도, 아이라인, 립, 블러셔 메이크업 테크닉을 알아보았다.

Part 4는 '기초 메이크업'으로 내추럴 메이크업, 봄 메이크업, 여름 메이크업, 가을 메이크업, 겨울 메이크업, 계절별 메이크업의 비교로 나누어서 적용방법에 대한 예시 등을 제시하여 메이크업 스타일링을 완성하였다.

본 교재는 메이크업에 전반적인 내용을 다룸으로써 기본적인 메이크업 지식으로 적절히 활용되며 여성들은 올바른 메이크업으로 스스로 자기만족과 자신감을 갖게 되기를 기대한다.

끝으로 책이 나오기까지 수고하신 교수님들, 지원을 아끼지 않으신 구민사 조규백 대표님, 임직원 및 편집부 담당자 여러분께 깊은 감사를 드린다.

2021년 8월

저자 일동

P/A/R/T 1

메이크업에 도움이 되는 미용학개론

P/A/R/T 2

메이크업의 이해

C/O/N/T/E/N/T/S

P/A/R/T 3

메이크업 기초 실기

P/A/R/T 4

기초 메이크업

P/A/R/T

1

메이크업에 도움이 되는 미용학개론

C/H/A/P/T/E/R 01

피부과학

1. 피부 개요

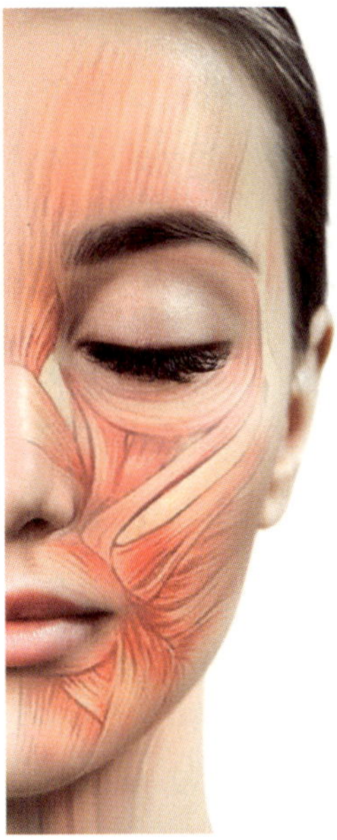

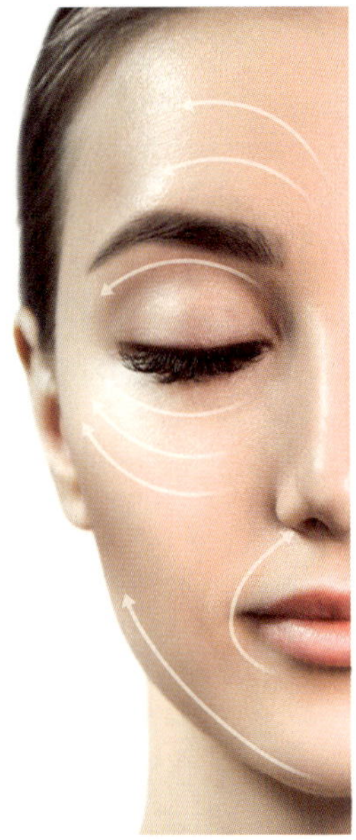

피부는 신체의 외부를 덮고 있는 하나의 막으로 여러 외부 환경요소로부터 신체를 보호해주는 중요한 기관이다. 다양한 생리적 기능을 수행하고 있으며 우리 신체 내부 장기와 그 밖의 체내·외기관을 보호해주고 조절한다. 피부의 총 면적은 개인에 따라 차이가 있으며, 성인의 경우에는 1.6 ~ 1.8m² 이며, 중량은 체중의 16%에 달한다. 피부의 두께는 개인, 신체 부위에 따라 차이가 있으며 신체 부위 중에서도 두께가 차이가 나는데 얼굴 부위의 피부 표면이 제일 얇고, 두께가 가장 두꺼운 곳은 손바닥과 발바닥으로 2 ~ 6mm 이다. 그 중 가장 얇은 곳은 눈 주위 부분의 안검과 고막으로 0.2 ~ 0.6mm 이며 피부 두께가 얇은 부위일수록 주름이 쉽게 형성된다. 피부의 항상성

(homoeostasis)이란 피부표면에 생기는 활성산소 및 산화스트레스가 각층의 물리적 투명도를 저하시켜 피부색과 질감을 변화시켜 잡티형성과 피부색을 검게 만들기도 한다. 이는 활성산소가 색소 생산에 미치는 작용으로 색소침착의 촉진으로 인해 지연흑화를 형성하여 색소생산을 유발하기 때문이며, 또 주름 형성에 미치는 작용으로 진피결합조직의 변성, 변화가 자외선 조사에 의해 생산되는 활성산소가 관여하여 주름을 생기게 하기 때문이다. 하지만 우리의 피부는 외부조건 변화에 대해 인체 내부환경을 일정하게 유지하는 과정 또는 체온조절, 산성도 알칼리도(수소이온 농도조절)의 조절을 통해 피부의 원래대로 자연회복하려는 성향을 피부의 항상성이라고 한다.

신체의 전신을 덮고 있는 피부는 인체의 생명 보호와 항상성 유지에 반드시 필요하다. 피부의 상당 부분이 화상과 동상으로 손상을 입으면 사망에 이르게도 한다.

피부표면은 현미경으로 관찰하면 복잡한 그물 모양의 구조로 되어 있다. 이를 표면 중에 움푹 들어간 곳은 소구(furrow)라 하고 높은 곳은 소릉(hill)이라고 한다. 피부결은 소릉과 소구의 차이에 의해 결정되는데 피부결이 섬세하다는 것은 소릉이 낮고 소구가 얕아 소릉과 소구의 차이가 작으며 형태가 평평하고 촘촘한 그물 모양을 하고 있는 상태이다. 반대로 피부결이 거칠다는 것은 소릉이 높고 소구가 깊이 파여 있으며 소릉과 소구의 차이가 커 굴곡이 져있고 넓은 그물 모양을 하고 있는 상태를 말한다. 소구가 교차하는 곳에는 털이 나와 있는 작은 구멍인 모공이라고 하며, 소릉의 중앙에는 땀을 분비하는 한공(땀샘)이 있다. 피부의 겉 표면은 그물망과 같은 형태를 지니고 있고, 피부결은 소릉과 소구의 높낮이와 생김새를 말한다.

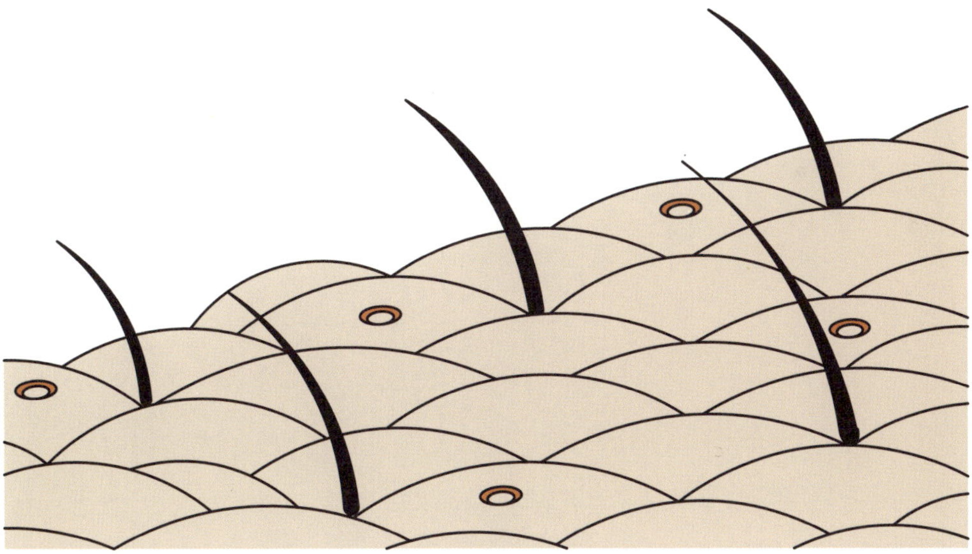

피부의 표면

피부의 특징과 구조

피부의 특징	• 인체의 가장 바깥쪽을 둘러싸고 있는 얇은 막, 성인의 전신 총면적 : 1.6m^2 • 두께 : 2 ~ 2.2mm • 무게 : 총 체중의 16%(약 9kg) • 성분 : 수분 65 ~ 75%, 단백질 25 ~ 27%, 지방 1%, 무기질(미네랄) 0.5%, 기타 1% 등
피부의 구조	• 형태학적 구조 – 소릉(hill) : 피부의 작은 언덕 – 소구(furrow) : 피부의 작은 골짜기 – 모공 : 소구와 소구가 만나는 곳에 위치 – 한공 : 피부 소릉에 위치, 피부에 수분 공급, 체온 조절 기능 – 천연보호막(피지막) • 조직학적 구조 – 표피(epidermis), 진피(dermis), 피하조직(subcutaneous tissue) – 그 외 부속기관 : 모발(hair), 손& 발톱(nail), 피지선(sebaceous gland), 한선(sweat gland)

2. 피부의 구조

피부는 크게 피부와 피부의 부속기관들로 구성된다. 피부의 단면은 표피(epidermis), 진피(dermis), 피하조직(subcutaneous tissue, subcutaneous fat)으로 이루어져 있고, 피부부속기관(skin appendage)으로는, 한선(sweat gland), 피지선(sebaceous gland), 모발(hair) 및 손 · 발톱(조갑, nail) 등이 있다.

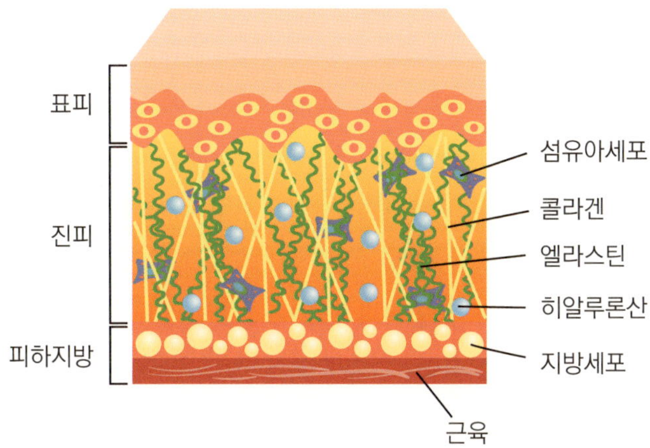

피부의 구조

1) 표피(epidermis)

표피는 피부의 가장 바깥에 위치하는 부분으로 편평상피세포가 중첩되어 각화되는 매우 얇은 조직을 말한다. 표피의 두께는 진피와 피하지방조직에 비해 얇으며 신체의 부위에 따라 차이가 있는데, 평균적으로 0.1 ~ 0.3mm이다. 표피의 역할은 신체 내부의 보호해주는 보호막 기능으로 외부로부터 세균과 유해물질과 자외선 등의 침입을 막아준다.

표피의 세포는 주로 각질형성세포(keratinocyte)로 이루어져 있으며, 이외에 멜라닌세포(melanocyte), 랑게르한스세포(Langerhans cell), 머켈세포(merkel cell)가 존재한다. 각질형성세포는 표피의 주요 구성 성분으로 표피 세포의 80%를 차지하고 있으며 가장 많이 분포한다. 각질형성세포는 표피의 가장 깊은 기저층에서 각성형성세포들이 생성되어 이전에 만들어진 세포들이 점점 위로 밀려나오며 이것이 피부의 각질을 형성시켜 피부표현에서 떨어져 나간다. 멜라닌(melanin) 세포는 색소형성세포라고 하며 표피의 기저층에 위치한다. 자외선을 흡수 또는 산란시켜 자외선으로부터 피부를 보호한다. 멜라닌 색소를 만들어 피부색을 결정하는 세포이다. 멜라닌을 증가시키는 원인으로는 자외선, 여성호르몬, 스트레스, 카페인, 내부질환 등이 있다. 랑게르한스세포는 표피의 림프가 흐르는 곳인 유극층에 존재하며 피부의 면역기능을 담당한다. 항원을 감지하고 알레르기 감각세포라고도 한다. 머켈세포는 표피의 기저층에 위치하며 신경섬유 말단과 연결되어 촉각을 감지한다. 촉각세포라고도 하고 인지세포라고도 한다.

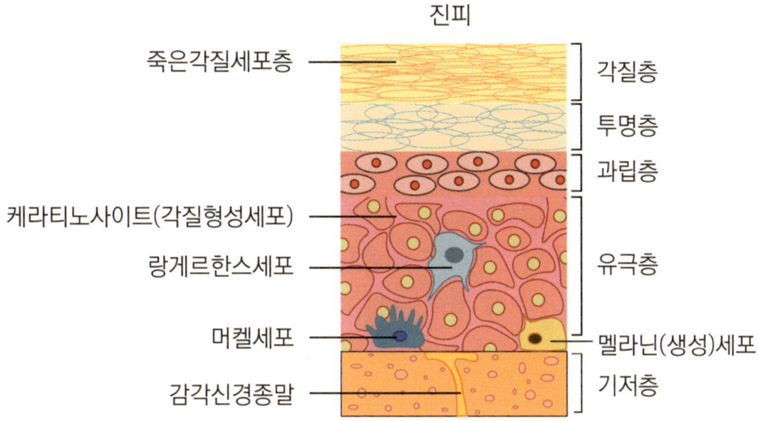

피부층의 구조

(1) 표피층의 분류

① 각질층(Stratum corneum, Horny layer)

각질층은 피부의 가장 바깥쪽에 있는 무핵의 세포층이다. 가장 바깥으로 밀려나온 10~20층의 각 세포들이 편평한 기와 모양의 얇은 각질판으로 서로 엇갈려 맞물려 있으며, 세포와 세포 간은 지질로 구성된 접착물질에 의해 연결되어 있다. 각질층은 피부 표면에 가까울수록 세포 간의 접착력이 떨어지고 틈이 생겨 비듬 모양의 얇은 조각으로 눈에 보이지 않게 한 장씩 떨어져 나가게 되는데 이를 표피의 박리현상이라고 한다.

각질층의 구성 성분은 각질 단백질인 케라틴(keratin)이 58%, 지질성분 약 11%, 천연보습인자(NMF, Natural Moisturizing Factor)가 약 31%가 함유되어 있다. 케라틴(keratin)은 동물의 여러 조직에서 주요 구성을 이루는 단백질인데, 피부 표피층의 각질 이외에도 각질을 형성하는 연각질(soft keratin)과 경각질(hard keratin)이라고 하는 손톱, 발톱, 털이 있다. 물과 다양한 화학물질에 잘 견디고 이물질의 침입을 방어한다.

각질세포들은 지질 성분에 의해 서로 연결되어있으며 각질층 내의 수분이 증발하지 않게 방어막 역할과 외부환경으로부터 피부를 보호해주는 역할을 한다. 각질층의 천연보습인자는 아미노산과 이들의 대사산물들로 구성되어 있어 각질층에서 수분을 붙잡는 역할을 한다. 각질층의 수분량을 결정하는데 적당한 수분함량은 10 ~ 20%로, 수분함량이 10% 이하가 되면 피부가 건조해지고 각질이 일어나고 건성화되어 피부에 잔주름이 생기고 예민해진다. NMF는 흡수성이 매우 강해 공기 중에 수분을 끌어당겨주기도 하며 보습인자로 매우 중요하다.

즉 각질층은 다양한 환경과 산, 알칼리 등의 자극, 이물질의 침입으로부터 피부를 보호해주고 주고 열, 한랭, 전기에 대한 저항력이 크며, 수분 등의 내부 물질이 피부 밖으로 투과하지 못하게 방어하는 피부장벽의 역할을 한다. 각질층의 두께는 인체의 부위에 따라 다르며, 손바닥, 발바닥은 두꺼우며 얼굴이 0.01 ~ 0.02mm로 매우 얇다.

피부색의 3요소

사람의 피부색은 개인, 인종, 성별, 연령 등에 따라 다르게 보이는데 건강상태에 따라 영향을 받기도 한다. 피부 고유의 색은 멜라닌과 헤모글로빈, 카로틴 등의 3가지 종류에 의해 결정된다. 그 중 사람의 피부색을 결정하는 가장 큰 인자는 멜라닌 색소이며 멜라닌 색소가 표피 가까이에 위치할수록 흑갈색(흑인)을 띠고, 진피층에 깊이 위치할수록 적갈색(백인)을 띤다. 카로틴은 피부에서 황색(황인)을 나타내는 색소이며 여성보다 남성에게 많다. 헤모글로빈은 적색을 띠고 얼굴이나 목 부위에 많이 붙포하여 얼굴색에 영향을 주기도 한다. 이 3가지 요소의 분포도에 따라 피부색이 분류되며 흑갈색의 흑인과 오클계의 동양인, 핑크계의 백인들로 나눠질 수 있다.

② 투명층(Stratum lucidum, Clear layer)

각질층 바로 밑에 위치하며 2~3개의 층으로 생명력이 없는 무핵의 작고 투명한 세포로 구성되어 있다. 투명층에는 엘라이딘(elaidin)이라는 반유동성 물질이 함유되어 밝고 투명하게 보이며 빛을 굴절시켜 빛을 차단하는 특성이 있다. 또한 수분을 흡수하지 않으므로 외부로부터의 수분 침투를 방지한다. 목욕탕 속에 오랫동안 있다가 나오는 경우 손바닥과 발바닥이 쭈글쭈글해지는 것은 엘라이딘 성분이 수분을 흡수하지 않아 각질층에 있는 수분이 스며들어 팽창하는 반면 투명층에는 수분이 흡수되지 않아서 일어나는 현상이다. 투명층은 모든 피부에 존재하나 일반적인 피부보다는 손바닥과 발바닥에 분포되어 손바닥과 발바닥 표면을 부드럽게 만든다.

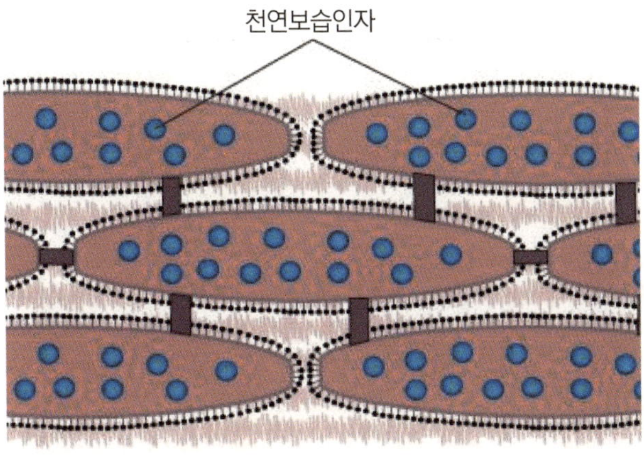

투명층

③ 과립층(Stratum granulosum)

피부 각질화가 시작되는 층으로 주성분이 단백질로 과립세포에서 각질세포로 변화는 과정을 일으킨다. 표피세포가 퇴화되어 각질화되는 과정의 1기에 해당 되는 층이기도 하다. 세포 퇴화의 첫 시작인 세포질 내부에 케라틴의 전구물질인 각질유리과립이 형성된다. 편평형 또는 방추형의 세포층으로 이루어져 3~5개의 층으로 이루어져 있으며, 손바닥이나 발바닥처럼 각질이 두꺼운 부위에서는 10개의 층이 생기기도 한다. 각질유리과립(keratohyalin)은 유황 단백질(sulfurprotien)을 많이 함유하고 있으며 빛을 굴절시켜 피부를 맑아 보이게 한다.

④ 유극층(Stratum spinosum, Priekle cell layer)

유극층은 과립층 아래에 존재하며 표피층 중 가장 두꺼운 층으로 8~10층으로 이루어져 있으며, 세포들은 다각형의 유핵극상세포로 가지모양으로 서로 연결되어 있어 가시층이라고도 부른다. 유극층은 기저층과 같이 살아있는 세포로 구성되어 있으며, 다각형 세포들의 표면에 있는 짧은 극돌기는 이웃 세포의 돌기들과 연결되어 세포간교를 형성한다. 세포간교 즉 세포 사이를 통해 노폐물 배출 등의 물질 교환이 이루어지게 함으로써 피부관리에 매우 중요한 역할을 한다. 또 유극층에는 면역에 중요한 랑게르한스세포도 존재한다.

⑤ 기저층(Stratum basale, Basal cell layer)

표피의 가장 아래 쪽에 위치한 층으로 피와 접한 부분은 물결 모양을 이루고 있어 진피의 모세혈관으로부터 산소와 영양을 공급받으며 진피의 모세림프관을 통해 탄산가스와 노폐물을 배출한다. 기저층에서 세포를 형성하고 활발한 세포분열을 통해 새로운 세포층으로 이동한다. 이것을 각질층으로 밀려 올라가게 하는데 이것을 피부의 재생주기 또는 턴오버(turn over)라고 한다. 피부가 재생되는 주기는 약 30일이며, 28일 주기로 새로운 피부가 형성된다. 젊은 피부일수록 물결모양의 요철이 많고 깊으며, 노화되면서 요철이 편평해져 영양공급과 노폐물 배출기능이 저하된다. 기저층의 세포분열은 밤 10~2시 사이에 가장 활발하므로 피부재생을 위해서는 이 시간대에 충분한 수면을 취하는 것이 좋다.

기저층은 피부 표면의 상태를 결정짓는 중요한 층으로 진피층 뿐만 아니라 기저층의 세포가 상처를 입거나 다른 요소에 의해 자극을 받았을 때는 흉터가 남거나 세포재생이 어렵게 된다.

2) 진피(Dermis)

진피는 표피와 피하지방층 사이에 위치하는 세포층으로 피부의 탄력, 윤기, 긴장도에 관여하며 상층부터 유두층 망상층으로 나뉜다. 혈관계나 신경계, 림프계 등이 복잡하게 얽혀있는 형태를 띄고 있다. 표피에 영양분을 공급하여 표피를 지지하고 다른 피부조직을 보호하고 유지시킨다. 가장 두꺼운 피부층을 가지고 있고 표피의 10~40배 되는 두꺼운 층으로 실질적인진짜 피부라 할 수 있다.

진피에 위치한 신경은 접촉과 열을 감시하며, 혈관은 세포에 영양분을 공급하고 노폐물을 제거하는 역할을 한다. 진피층에는 교원섬유, 탄력섬유의 두 가지 섬유로 구성되어 있다.

진피는 대식세포, 섬유아세포, 비만 세포 등으로 구성되어 있다. 대식세포는 이물질을 삼킴으로써 신체를 보호하는 역할을 한다. 섬유아세포는 결합조직 내에 넓게 분포되어 있으며 교원섬유와 탄력섬유와 기질 성분을 만든다. 비만 세포는 유두층의 모세혈관 가까이에 위치하여 염증 매개물질을 생성하거나 분비하는 작용을 한다.

섬유아세포(fibroblast) 사이에는 세포외기질과 콜라겐을 합성하는 세포의 일종으로 상처치유에 가장 중요한 역할을 하며 동물의 결합세포 중에서 가장 흔한 세포이다. 점다당질 성분인 기질이 젤 상태로 분포되어 있고, 모세혈관, 동맥, 정맥, 림프관, 신경들이 복잡하게 얽혀있으며, 피부 부속기관인 피지선과 한선이 자리를 잡고 있다. 이들은 피부 영양공급, 노폐물 배설, 감각, 분비 등 피부의 중요한 기능을 맡고 있다.

진피에는 표피보다는 세포가 많지 않으며 모양 변화도 적다. 하지만 진피 역시 일단 손상되면 재생이 불가능하며 원상태로의 복구는 어렵다. 구조상 진피는 그 경계가 확실하지 않으나 진피의 윗부분에 위치한 유두층(papillary layer)아랫 부분에 위치한 망상층(reticular layer)으로 구분된다.

(1) 진피층의 분류

① 유두층(Papillaray layer)

표피와 접하고 진피의 융기된 부분의 돌기를 유두(papilla) 또는 유두체라 하며 유듀가 물결모양을 이루고 있는 부위이다. 유두층은 작은 교원 섬유가 둥글고 불규칙하게 배열된 결합조직으로 세포들과 많은 기질이 존재하며, 모세혈관, 신경종말, 림프관이 풍부하게 분포되어 있다. 유두에 존재하는 모세혈관은 영양분과 산소를 운반해 주고 림프관은 표피의 노폐물을 배설시키고, 신경종말은 감각소체를 형성하여 촉각이나 통각 등의 신경을 전달한다. 유두층은 전체 진피의 10 ~ 20%를 차지한다. 유두의 물결모양은 피부가 노화될수록 편평하게 변하게 되며, 표피로의 영양공급 전달, 노폐물 배설 등에 영향을 미치며 유두층의 섬유들은 변형되어 피부의 탄력성이 저하된다.

② 망상층(Reticular layer)

유두층의 아래에 위치하는 진피층으로 진피층의 대부분을 차지한다.

굵은 교원섬유와 탄력섬유가 피부표면과 평행으로 치밀하게 조직되어 피부를 지지해 주며 피부의 탄력성을 유지시켜준다. 유두층과 달리 모세혈관은 거의 없으며 혈관, 피지선, 한선, 신경총 등이 분포되어 있다. 망상층에 위치한 감각기관으로는 압각, 온각, 냉각이 분포되어 있다.

피부표면과 평행으로 이루어져 망상층 섬유들은 신체 부위에 따라 일정한 방향성을 띄고 배열되고 있다. 이런 평형한 피부배열 방향은 피부활선, 또는 처음 발견한 학자의 이름을 따서 랑게르선(Langer line)이라고 부른다. 수술 시에 피부를 절개할 때 피부활선을 따라 절개하면 상처의 흔적이 작게 된다.

진피의 구성물질

교원섬유 (Collagen Fiber)	• 진피의 90% • 섬유단백질, 교원질은 섬유아세포에서 생산 • 인대나 뼈, 혈관, 치아에도 많은 비중으로 함유 • 탄력성은 매우 적지만 탄력섬유와 함께 피부에 장력과 탄력성을 제공 • 사슬모양으로 결합된 1000여개의 아미노산의 나선 모양으로 3중 결합되어 있으며 물에 담아 가열하며 이러한 결합구조가 파괴되어 형태가 변하기도 함 • 피부의 노화현상 또는 자외선 등의 영향으로 그 양이 감소하고 형태가 변화되면서 노화피부의 경우 진피두께가 얇은 것이 특징 • 젊은 피부일수록 수분보유력이 좋은 용해성 교원질(soluble collagen)이 존재하며 피부가 노화될수록 불용해성 교원질이 증가 → 피부의 탄력감소, 주름형성 → 교원질의 화장품화
탄력섬유 (Elastin Fiber)	교원섬유에 비해 짧고 가는 섬유로 주로 탄력이 있는 섬유단백질인 탄력소(elastin)가 파괴되어 탄력섬유의 기능이 저하되게 되므로 피부가 이완되고 주름이 발생
기질 (Grund Substance)	• 진피 내의 섬유성분과 세포 사이를 채우고 있는 물질을 기질이라 함 • 점다당질(무코다당질, mucopolysacccharide)이 주성분 • 다당질은 히알루론산(hyaluronic acid) • 콘드로이친 황산(chondroitin sulfate) • 헤파린 황산염(heparin sulfate) 친수성 다당체로 자체무게의 수십 배에서 1,000배까지 수분을 흡수할 수 있는 능력을 가지고 있음 • 히알루론산 무자극성, 뛰어난 보습 작용으로 화장품 원료로 사용되며 일반적인 물인 자유수와 비교하여 결합수라고도 함(bound water) • 기질은 다른 조직을 지지하면서 미량의 염분과 수분의 균형을 맞춤

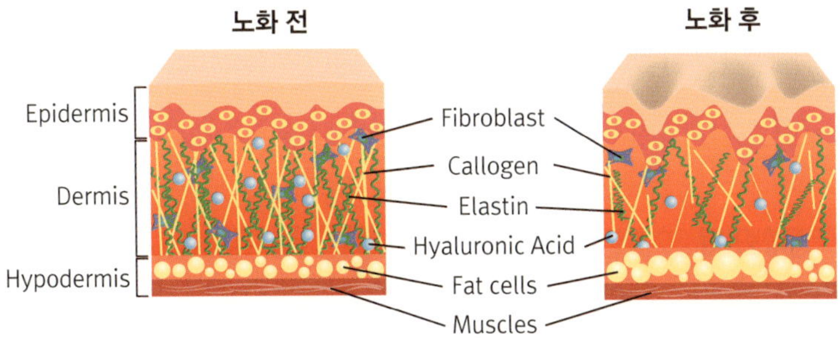

나이에 따른 피부구조의 차이

3) 피하지방층(Subcutaneous fat tissue)

피하지방층은 진피와 근육, 골격 사이에 있는 부분이다. 지방층의 분포와 두께는 신체 부위, 성별, 연령, 영양상태에 따라 다르며 복부와 둔부에 많고 팔, 엉덩이, 허벅지 등에 주로 분포된다. 지방층에는 지방세포와 지방조직이 발달되어 있고 지방세포 사이사이에는 진피로 연결되는 섬유들과 혈관 림프관들이 자리잡고 있다. 피하지방층의 지방세포들은 지방을 생산하여 체온의 손실을 막는 체온 보호기능, 외부의 압력이나 충격을 흡수하여 신체 내부의 손상을 막는 보호기능, 인체에서 소모되고 남은 영양이나 에너지를 저장하는 저장기능을 한다. 여성 호르몬과도 관계가 있어 남성에 비해 여성의 경우 피하지방층이 두꺼우며 여성 호르몬이 많이 분비되는 임신 시기에는 피하지방층이 발달된다.

피하지방층의 두께는 체형을 결정하게 되며 성별뿐만 아니라 체형은 유전이나 영양상태, 피부 부위에 따라 다르다. 피하지방층에 지방이 지나치게 축적되거나 조직액이 축적되어 피하조직이 두꺼워지게 되면, 진피, 표피가 위로 밀려오면서 피부 표면이 오렌지 껍질처럼 울퉁불퉁 튀어 올라오게 된다. 이때 피하지방층에는 지방세포 주위의 결합조직인 림프관과 혈관이 압박되어 순환장애가 일어나고 교원섬유의 탄력성이 저하되는 현상이 일어난다. 이것을 셀룰라이트라고 한다.

3. 피부 부속기관

1) 한선(Sweat gland)

한선은 진피의 망상층 안에 있으면서 체온조절에 기여한다. 온몸에 약 200~300만 개가 분포되어 있고, 실뭉치처럼 엉켜있으며 땀을 만들어 땀구멍을 통해 피부 표면에 분비하는 기능을 가지고 있다. 이렇게 주위 혈액으로부터 걸러진 노폐물과 물이 모세 혈관에서 땀샘으로 보내져 땀을 배출함으로써 체온조절과 피부의 유·수분을 유지하게 되고 유독물질, 노폐물, 독소도 함께 배출된다. 땀을 많이 흘리고 나면 피부가 맑아지는 점도 이러한 유해 물질의 배출되어서이다.

땀의 성분은 99%가 수분이며 약 1%가 고형질인 염분과 요소, 요산, 휘발성 지방산, 아미노산 등으로 이루어져 있으며, 일반 성인의 기준에는 1시간에 약 30cc, 1일 약 700~900cc 정도의 땀을 분비한다. 대부분 체온조절을 위해 증발되고 일부분은 피지막을 만드는 역할을 한다. 땀의 수분 성분과 피지의 기름 성분은 기름 중의 어떤 물질에 의해 크림 모양의 상태로 유지되어 피부표면에 피지막을 형성하는 것이다. 피지막은 피부를 부드럽게 만들며 땀과 피지에 의새 산성을 띠면서 외부의 세균에 대해 피부보호 작용을 한다. 또한 땀에는 우로카닌산이라는 성분도 함께 함유되어 자외선으로부터 피부를 보호해주고 수분을 유지시켜서 천연보습인자가 함유되어 있어 피부의 보습력을 좋게 해준다.

땀을 흘리는 것은 생리적인 에너지 소모과정의 하나로 1L 분비 시 약 540cal의 에너지가 소모된다. 따라서 땀 분비가 지나치게 많을 경우에는 과잉에너지 소모로 탈진상태가 오기도 한다. 한선은 그 기능과 크기에 따라 아포크린선(대한선, apocrine sweat gland), 에크린선(소한선, ecrine gland)으로 구분한다.

(1) 에크린선(소한선)

에크린선은 영장류에게만 보이는 땀샘으로 사람은 체온 조절을 위해 에크린 땀샘을 이용한다. 아포크린선보다 크기가 작기 때문에 소한선이라고 한다. 에크린선은 입술과 음부를 제외한 전신에 걸쳐 분포되어 있으며 전신에 약 200 ~ 400만 개의 한선이 있다. 성인이 되어서도 한선의 수에는 변화가 없고 지속된다. 산도가 pH 3.8 ~ 5.6으로 약산성의 기미를 띠며 무색무취의 맑은 액체이며 외부자극에 의한 신체 온도변화, 정신적인 긴장과 스트레스, 혈액의 수분량, 맵고 짠 음식 등의 요인에도 땀샘 분비가 촉진된다.

소한선의 땀 분비가 지나치게 많아지는 현상을 다한증이라 한다. 다한증이 지속되면 피부는 축축해지고 pH변화가 일어나 표피의 견고성이 떨어지고 저항력이 감소한다. 여드름과 감염성 피부질환이 발생하거나 악화될 수 있다.

(2) 아포크린선(대한선)

소한선에 비해 몇 배 크므로 대한선이라고 부른다. 배출구가 피부표면으로 직접 개구되지 않고 모낭의 윗부분과 연결되며 모공에 개구된다.

출생 시 아기 때 피부 전신에 걸쳐 형성되었다가 생후 5개월경에는 퇴화하고 겨드랑이, 유두 주위, 배꼽주위, 음부주위, 항문주위 등 특정 부위에만 존재하게 된다. 사춘기 전에는 활성화가 미미하다가 사춘기 이후에는 분비가 시작되어 갱년기 이후에 기능이 다시 퇴화하여 분비가 감소된다. 아포크린선은 성호르몬과 관련이 있으며 성, 인종마다 개인의 체취가 다르며, 독특한 냄새를 가지고 있다. 피지선과 함께 개인의 체취를 만들어 내 체취선이라고도 한다.

아포크린선은 남성보다는 여성에게 생리 전에 분비량이 많아진다. 인종적으로는 흑인 〉 백인 〉 동양인의 순으로 흑인에게 가장 발달되어 있으며, 아포크린선은 땀의 산도가 pH 5.5 ~ 6.5로, 흰색 또는 노란색의 농도 짙은 분비물을 형성하고, 단백질 함유량이 많아 주위 세균에 의해 땀 성분이 부패되면서 특유의 냄새가 난다. 이와 같은 체취를 암내라고 하고 심한 경우에는 액취증이라고 한다. 냄새를 줄이기 위해서는 약물 비누로 자주 세척하고 데오드란트(deodorant)를 도포하는 방법이 있다.

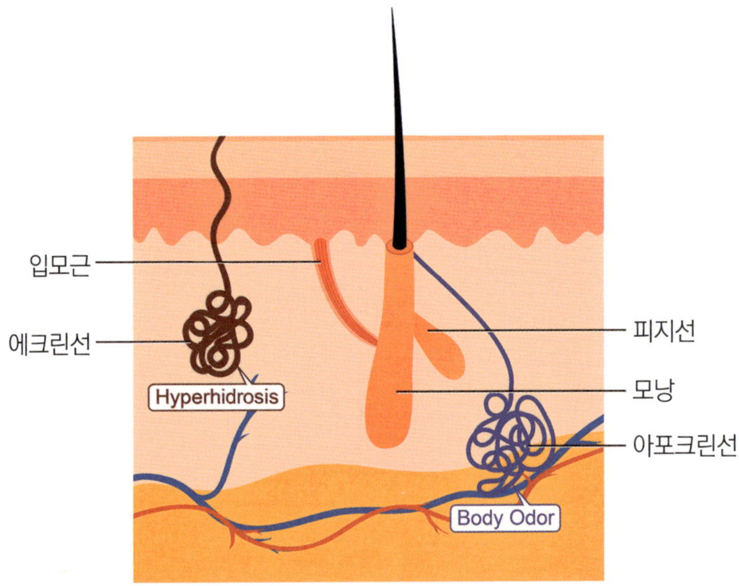

에크린선과 아포크린선

2) 피지선(Sebaceous gland)

피지선은 진피의 망상층에 위치하고 있으며, 모낭을 중심으로 3 ~ 5개의 주머니가 모낭 주위에 그룹을 지어 모낭으로 연결되어 피부 표면에서 모공을 통해 분비물인 피지를 배출한다. 피지선은 전신에 걸쳐 1cm² 당 400 ~ 900개 정도 분포하며 하루 평균 1 ~ 2g의 피지가 배출된다.

피지선의 대부분은 모낭의 활성과 연관되어 있으나 모낭과 상관없이 독립되어 기능하는 부위도 있다. 이것을 독립 피지선이라 하며 윗입술, 구강점막, 유두, 유륜, 눈꺼풀 등에서 볼 수 있다.

피지선의 분포와 피지의 분비량은 신체 부위마다 다르지만 얼굴의 T-zone, 두피, 가슴, 등 중앙 부분에 많이 분포되어 있다. 손바닥, 발바닥, 아랫입술에는 피지선이 존재하지 않는다. 이 피지 분비량에 따라 건성피부, 지성피부, 중성피부로 구분되며 피지 분비량이 적으면 건성피부가 되고 모발도 건조하고 푸석해진다. 반면에 피지 분비량이 과다 분비되면 지성피부가 되고 모발에도 기름기가 흐르게 된다. 이때 피지분비가 많아지고 활성화될수록 피지의 배출구인 모공도 커지게 되므로 지성 피부일수록 모공이 크다.

피지막은 약산성의 pH를 유지하며 피부 표면으로 유입되는 이물질과 세균 성장을 저지하고 외부로부터의 알칼리성 물질을 중화시켜서 피부의 손상을 막아준다. 피지에는 콜레스테롤과 라놀린, 인지질 등의 지방 성분을 피지막이라고 하며 피부와 모발을 윤기 있고 부드럽게 하며 또한 외부의 이물질과 자극으로부터 보호한다.

피지량은 3 ~ 6시간 내에 재생되며 1시간 후에는 약 22% 정도, 2시간 이후에는 약 40%, 3시간 이후에는 최소 50% 이상이 재생되어 피부의 항상성을 유지하게 된다.

4. 피부의 생리

1) 피부의 생리적 기능

'피부는 내장기관의 거울이다'라는 말이 있다. 피부는 신체 전신을 둘러싸고 있으며 직접 외부와 접촉되는 부분이며 신체 내부기관을 보호하고 있다. 이런 피부의 생리적 기능은 외부환경 노출로 인한 반응 및 내부의 건강 상태와 신진대사를 반영하게 되므로 신체 건강에 큰 영향을 미치게 된다.

피부의 생리적 기능

보호작용	• 각질층과 딱딱한 케라틴이 외부로부터 저항력과 외부의 마찰과 압박 충격으로부터 보호 • 약산성 pH를 조절하여 외부 알칼리 물질을 중화시키는 능력 • 약산성 상태로 복원하고자 하는 기능 • 강알칼리 상태에는 저항력이 약해져 외부물질이 쉽게 침투되거나 피부가 손상을 방지하기 위해 케라틴 단백질과 세포간지질이 방어막을 형성
체온조절작용	• 신체의 정상체온은 36.5C로서 항상 일정하게 유지 • 외부 온도에 의해 온도가 낮을 경우에는 혈관이 수축하고 몸을 떨게 만들어 에너지 연소를 통해 체온상승을 유도 • 피하지방은 외부온도에 의한 열 손실 방지
분비과 배설	• 피지선과 땀을 분비함으로써 이물질이나 체내 노폐물을 배출 • 피지에 함유된 지방산(올레인산, 리놀산, 리놀렌산)은 살균 작용을 하여 외부의 세균에 대한 방어 역할을 함
저장작용	• 표피와 진피에 영양물질, 유동체, 염분을 저장하고 있음 • 피하지방은 신체를 보호할 뿐 아니라 에너지 공급원으로 사용
감각작용	• 전신에 신경이 분포되어 있어 촉각, 온각, 냉각, 통각, 압각의 감각작용 • 피부 1cm²당 촉각점 2개, 압점 6~8개, 통각점 100~200개, 온각점 1~2개, 냉각점 12개의 비율로 분포
비타민 D 형성작용	• 자외선에 의해 비타민D를 생성 • 비타민D는 체내에 재흡수, 칼슘 흡수를 촉진, 뼈와 치아 형성
흡수작용	• 외부물질을 흡수하여 피부내로 흡수 • 침투, 투과, 재흡수 등의 기능을 통해 피부의 흡수기능을 높임

5. 피부와 자외선

태양은 모든 생물 동물의 신진대사를 가능하게 하고 에너지의 원천이며 생명유지를 위해 꼭 필요한 것이다.
태양은 프로비타민 D를 합성하여 영양분을 공급하기도하고 여드름치료나 건선 백반증치료에도 활용이 되지만 과도한 노출은 면역와 생화학적으로 피부에 여러 가지 손상을 만들게 된다. 전자파의 파장은 나노미터(10억분에 1m, nanometer)로 표기하고 태양광선은 이 파장의 길이에 따라 가시광선, 적외선, 자외선으로 나눈다. 전자파의 파장의 길이와 에너지는 반비례 하는데 파장이 짧을수록 에너지가 강하고 파장이 긴 장파장일수록 에너지와 생화학적인 반응이 작다.

1) 가시광선(Visible light)

우리의 눈으로 감지되는 태양광선으로 400~800nm의 중파장으로 태양광선 중 약 39%를 차지하는 광선으로 광생물학적 반응에 크게 관여하지 않으며 눈의 망막으로 자극하는 광선이다.

2) 적외선(Infrared light)

장파장으로 800 ~ 220,000nm의 장파장으로 태양광선 중 56%를 차지하고 있으며 피부에 유해자극을 주지 않으면서 열을 발생하며 붉은색을 띤다. 침투력이 강하기 때문에 피부조직 깊이 영향을 미치기도 하여 목욕탕과 사우나 시설에서도 흔히 볼 수 있다. 혈액순환 촉진과 신진대사 촉진시키며 식균작용을 하기도 한다.

3) 자외선(Ultraviolet light)

400nm 이하의 단파장으로 태양광선중에 5%밖에 차지하지 않지만 피부에 깊숙이 침투하여 피부의 생화학적이고 면역계까지 영향을 미치는 중요한 광선이다. 자외선의 약 1% 정도가 진피 내까지 도달한다. 이 자외선은 비타민 D합성을 통해 면역을 강화시키고 뼈 형성에 관여하여 구루병을 방지하게도 하지만, 장기적이고 강한 자외선에 오랫동안 노출되었을 경우에는 여러 가지 피부보호기전을 통화 광노화, 모세혈관확장, 일광화상, 광알레르기, 피부암 등과 같은 광독성 반응을 일으킨다. 이 자외선은 다시 UVA, UVB, UVC의 3가지 자외선으로 나눌 수 있다.

자외선의 종류

UVA(장파장) 320 ~ 400nm	• 진피까지 도달 → 진피의 탄력섬유와 교원섬유 변성 → 피부탄력감소 피부수축 • 광독성을 일으킴, 광노화, 광알레르기, 백내장
UVB(중파장) 290 ~ 320nm	• 피부 표피 기저층까지 도달 • 비타민 D 활성화 • 면역력 강화, 여드름치유(과도할 경우 오히려 면역력 저하를 가져와 여드름 염증을 악화시킴) • 피부각질형성 • 일광화상, 홍반과 수포 발생 • 자연색소 기미침착의 원인 • DNA를 손상 → 세포막을 손상시켜 피부암의 원인
UVC(단파장) 200 ~ 290nm	• 박테리아 등의 살균작용 • UV소독 • 피부의 직접적으로 장기간 노출은 화상 우려

4) 자외선에 대한 피부보호기전(protective mechanism)

자외선에 의한 피부보호기전

각질형성	• 각질이 두꺼워지게되는 과정이 가속화됨 두꺼워진 각질형성으로 자외선 B를 흡수하여 자외선을 방어 • 피부화상(sunburn)으로부터 보호
땀분비	• 땀속의 우로카닌산 성분이 자외선을 차단시키는 역할(피부가 검은색일수록 우로카닌산 성분이 많은 것으로 알려져 있으며 백인들에 비해 흑인들이 피부암의 걸릴 확률이 적음) • 땀을 배출하여 체온을 조절하여 강한 열감으로 체온상승방지
피부보호기전	세포 속의 효소들에 의해 피부 복구체제(repair system)를 뜻하며 자외선에 의해 손상된 조직을 효소가 제거하거나 새롭게 만드는 기전을 뜻함
색소형성	• 표피 기저층의 멜라노사이트 세포가 멜라닌 색소를 형성하여 수상돌기를 통해 색소를 공급하고 자외선을 흡수하여 진피 안으로 흡수되지 않도록 방어하는 역할 • 자외선A와 B에 대해 모두 방어 • 접촉성 광알레르기 반응을 감소

C/H/A/P/T/E/R 02

모발학

1. 모발의 개념

모발은 개성을 나타내는 중요한 수단이자 동물에게는 체온 유지와 피부를 보호하는 역할을 하기도 한다. 모발은 사람의 몸에 난 모든 털을 통틀어서 이르는 말이다. 주로 사람의 머리카락 털을 말한다. 한글로는 머리카락, 영어로는 헤어(hair), 한자로는 모(毛)와 모발(毛髮) 또는 두발(頭髮)이라고도 말한다. 이 모발은 손바닥과 발바닥, 입술 등을 제외하고 전신에 분포하고 있다. 사람의 모발은 태양으로부터 두피를 보호하게 만들며, 사람의 외모를 꾸미는 중요한 장식의 기능과 역할을 하기도 하며 여러 호르몬의 영향을 받아 2차 성징과 신체적 변화에도 영향을 미친다.

2. 모발의 구성성분

모발의 주요 구성성분은 케라틴이라고 하는 경단백질로 구성되어 있다. 모발에는 이 단백질 이외에도 1~9% 정도의 지질, 약 3%정도의 멜라닌 색소, 15% 정도의 수분으로 이루어져 있으며 미량원소는 0.6~1.0%(탄소 50%, 산소 20%, 질소 17%, 황 7%, 수소 6%)로 이루어져 있다.

모발의 구성 성분

케라틴 단백질	• 염기성 아미노산의 히스티딘(histidine), 리신(lysine), 아르기닌이 1 : 3 : 10 비율로 존재(arginine) • 케라틴은 강한 결합으로 이루어져 있으며 강한 물리적과 알칼리와 열에는 약한 편 • 케라틴은 물리적 화학적으로 강도가 높고 탄력성이 강함 • 단백질과는 달리 잘 부패되지 않고 여러 가지 화학약품에 대한 저항력이 있음 • 인모, 양모, 손톱 등과 같이 딱딱한 경케라틴과 피부와 같은 부드러운 연케라틴으로 구별
지질	• 피지의 분비량은 개인차가 있지만 모발 속 피지의 함유량은 1~9% 정도
멜라닌색소	• 멜라닌 색소에서 만들어지는 멜라닌 색소는 모발의 색을 결정 • 멜라닌 색소는 인종에 따라 서로 다른 특징의 멜라닌 색소를 보유하며 종류에 따라 크기 및 모양 등이 다르지만 고유역할인 자외선으로부터 모발을 보호하는 것은 동일
수분	• 건강한 모발은 15%의 수분을 보유하고 있음
미량원소	• 니켈, 철, 구리 들이 모발에서 검출되어 외부요인으로 인해 모발에 의해 배출됨 • 필요에 따라 도핑테스트나 약물테스트에 활용되기도 함

3. 모발의 구조

모발은 모근부와 모간부로 나뉘어진다. 모근부는 모발의 뿌리라는 뜻이다. 눈에 보이지 않는 피부 속에 존재하는 모발을 말하며, 모간부는 모발의 줄기라는 뜻이다. 우리가 눈으로 확인하고 손으로 만질 수 있는 피부 바깥쪽에 드러나 있는 모발을 뜻한다.

1) 모근부

모근부는 피부 속에 있지만 모발의 성장이 시작되는 부분이라고 볼 수 있는데 모근부에는 모낭, 모구, 모유두, 모모세포 피지샘, 털세움근(입모근), 모세혈관, 자율신경, 땀샘(한선) 등이 있다.

① 모낭

주머니 모양으로 모근을 감싸고 있는 내외층의 피막이라고 볼 수 있다. 피지샘과 털세움근이 붙어있고 모세혈관과 자율신경이 함께 존재한다. 모발의 영양을 담당하고 있으며 모발 굵기에 영향을 준다. 모낭의 내측을 내모근초, 모낭의 외측을 외모근초라고 한다.

② 모구

모발의 끝부분으로 둥근 공 모양을 하고 있다. 모발이 생장하는 장소이며, 모유두, 모세혈관, 모모세포, 색소형성세포 등이 함께 있다.

③ 모유두

모낭 가장 아래에 위치하며 모구의 움푹 들어간 부분과 맞물린 부분으로 모세혈관과 자율신경이 존재하여 모발 성장에 필요한 산소와 영양물질을 공급한다.

④ 모모세포

모발의 기원이 되는 세포로 세포분열과 증식이 이루어지며 모유두에서 영양을 공급받아 세포 분열을 통해 모발 생장에 영향을 준다.

⑤ 색소세포

멜라닌 세포를 형성하는 색소형성세포로 모발의 색을 결정짓는다. 모모세포 분열 시 모기질 세포에 있는 별도의 색소세포로부터 생성되어 모피질이나 모수질 속에 같이 함유하여 색을 결정해준다.

모발의 색을 결정짓는 멜라닌 색소는 모든 사람마다 똑같은 종류를 갖고 있으나 색소의 함유량에 따라 드러나는 모발의 밝기와 색에 차이가 발생한다.

멜라닌 색소는 유멜라닌과 페오멜라닌 2가지 종류가 있다.

⑥ 피지샘

모낭 벽 위쪽에 붙어 있으며 하루 평균 1 ~ 2g의 피지를 분비한다. 피지는 모발의 윤기를 부여하고 외부 이물질의 침투를 막는 역할을 한다. 성별, 환경, 등에 따라 개인차가 있다.

⑦ 털세움근(입모근)

피지샘보다 아래에 위치하고 있다. 털을 세우는 근육으로 입모근이라고 한다. 추위나 공포를 느낄 때 모낭을 잡아당겨 털을 세우는 역할을 한다. 의지와 상관없이 자율신경에 의해 움직이는는 불수의근이다.

⑧ 모세혈관

혈액을 통해 산소와 영양분이 공급되고 노폐물을 수거한다. 탈모와 같이 모발 성장에 이상을 보이는 것은 모세혈관 기능이 저하되어 산소와 영양분 공급이 제대로 이루어지지 않아 노폐물 배출이 저하되기 때문이다.

⑨ 자율신경

단백질 합성효소를 활성화하는 역할을 한다.

⑩ 땀샘

- 에크린땀샘(소한선, Ecrine)

  모낭에 붙어 있지 않은 독립된 땀샘으로 손 · 발바닥처럼 땀이 많이 분비하는 곳에 존재한다. 무색, 무취이며 연령에 상관없이 분비되는데, 체온조절에 중요한 역할을 한다.

- 아포크린선(대한선, Apocrine)

  모낭벽에 붙어 있는 땀샘으로 소한선보다 크기가 크다. 겨드랑이 사타구니, 유두, 배꼽 주위 주변에 많이 분포되어 있고, 태어날 때부터 갖고 있으나 사춘기이후부터는 활발하게 활동한다.

2) 모간부

모간부는 '모발의 줄기'라고도 하고 모발 단면의 중심부인 모수질과 모수질을 둘러싸고 있는 모피질, 그리고 모피질을 보호하고 모발의 가장 외측에 존재하는 모표피로 구성되어 있다.

(1) 모표피

케라틴이라는 단단한 단백질로 구성되어 있으며, 가장 바깥쪽에 반투명 비늘 모양으로 서로 겹겹이 겹쳐져 있는 모양을 하고 있다. 전체모발의 10~15%를 차지하며 강한 친유성의 성질을 갖고 있다. 물 또는 화학제품 등이 모발에 침투하는 것에 대한 저항성을 가져 모발 내부를 보호한다. 그러나 물리적 자극(드라이, 아이롱 등)에 의해 손상되며 스스로 회복되지 않으며 한 번 손상된 부분은 재생되지 않는다.

(2) 모피질

모피질은 모표피와 모수질 사이에 존재하며 모발의 구성 성분 중 가장 많은 영역인 85~90%를 차지하고 있다. 피질세포(모피질에 함유되어 있는 색소세포 및 단백질 세포)와 세포사이를 메우고 있는 물질인 간층 물질로 이루어져 있다. 펌이나 염모제 등 약제의 작용에 영향을 받고 민감하게 반응하는 부분이다.

(3) 모수질

모발의 중심부에 위치하며 모발이 굵은 경우 대부분 모수질이 있으나 모발이 얇은 경우 존재하지 않기도 한다. 모수질은 공기와 수분을 함유하고 있어 보온의 역할을 한다. 소량의 멜라닌 색소를 함유하고 있어서 모수질이 존재하는 모발의 경우에는 펌 웨이브가 뚜렷하게 나오며, 모수질이 없는 모발의 경우에는 펌 웨이브에 탄력성이 떨어진다.

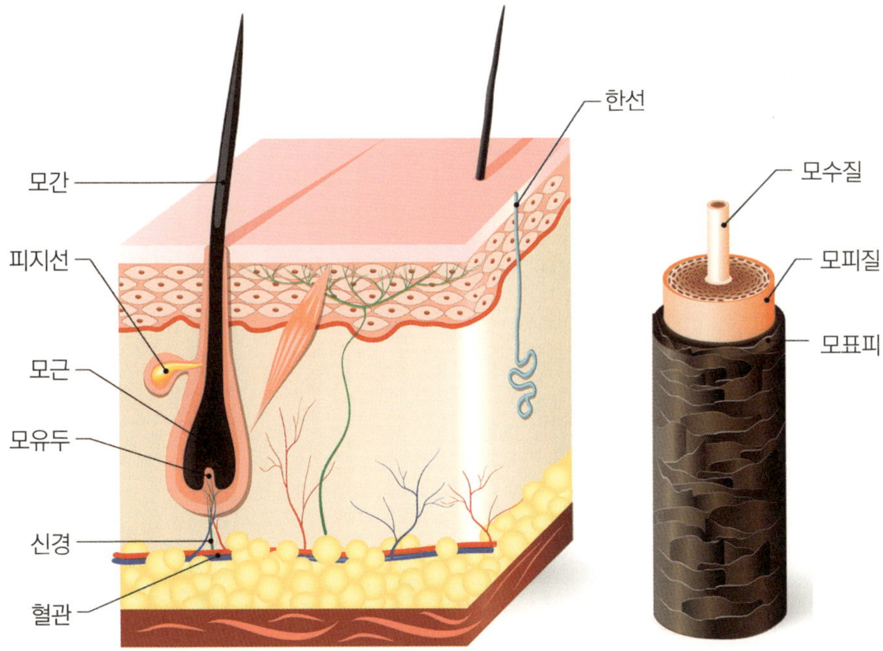

모발의 구조

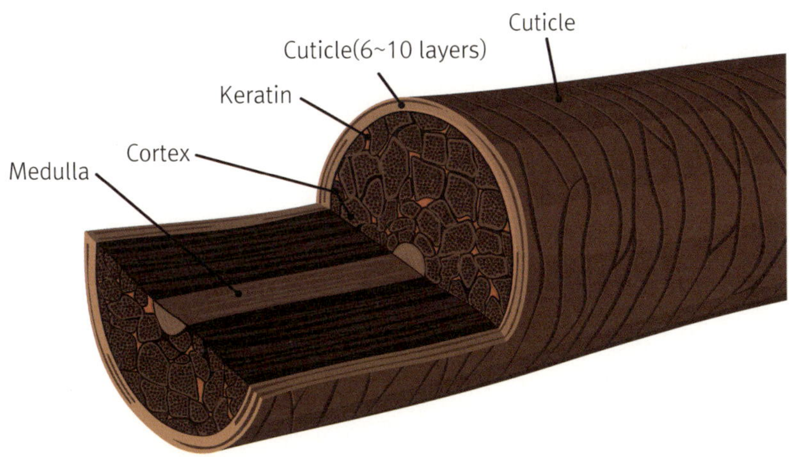

모발 내부의 구조

4. 모발의 구조적 특성

모발은 습도, 열과, 인위적이거나 힘에 의해 변화되는 물리적 특성, 퍼머넌트 웨이브제 또는 염모제와 같은 약품에 의해 변화를 일으키는 화학적 특성 및 여러 가지 요소가 복합적으로 작용하여 변화를 일으키는 역학적 특성이 있다.

5. 모발과 부속기관

피부 중에 모발은 모발의 부속기관은 두피 안에 자리 잡고 있고 전구 모양의 길쭉한 주머니의 형태인 모낭에서 만들어진다. 이 모낭은 표피의 기저층에 존재하는 모아(hair germ)가 모여서 모낭이 완성된 후 모발이 되는 모모세포(hair matrix cell)가 된다. 모모세포는 표피 기저층에 모이게 되면 모낭(hair bulb)이 만들어지고 피부의 함몰을 유도하여 모발의 성장이 이루어진다. 모유두는 모구의 가장 아래쪽에 위치하고 혈관이 많고 모구에 영양공급을 통해 두발의 성장을 담당하며 모세 혈관 그물이 있어 성장하는 털에 영양을 공급한다. 모모세포는 케라틴을 만드는 세포, 표피 세포 가운데 비교적 비중이 큰 세포이며 모발 아래의 내부에서부터 모발을 구성하는 세포이다.
모낭이 만들어지는 과정 중에 모발의 발생과 성장에 중요한 모유두(hair papilla)가 형성되고 피지를 분비하는 피지샘과 추위와 소름으로 털을 수직으로 세우게 하는 털세움근(입모근)이 만들어져 모낭의 형태가 형성된다. 모발의 생성과 함께 주변의 부속기관도 함께 만들어지는데 피지샘, 땀샘, 털세움근도 피부 부속기관에 해당되며, 모유두 → 모모세포 → 모발의 생장 순서로 이어진다.

6. 모발의 형성과정

모발의 생성은 모유두에 존재하는 모세혈관과 자율신경에서 시작된다. 모세혈관은 모발 생장에 필요한 아미노산을 모유두에 공급한다. 이때 아미노산을 공급받은 자율신경은 단백질 합성 효소를 활성화하고 단백질 합성효소의 영향을 받은 모모세포는 아미노산을 케라틴 단백질로 합성한다. 케라틴 단백질로 채워진 모모세포는 세포분열을 왕성히 한다. 분열된 세포들은 위로 밀려 올라가며 각화되어 모표피 → 모피질 → 모수질로 구분되며 두피 밖으로 성장하여 모발이 되며 우리가 보이는 머리카락이 된다.

7. 모발의 성장 주기

모발은 동일한 모낭에서 계속 새로운 모발이 성장하다가 빠지고 빠진 자리에서 또다시 새로운 성장이 연속해서 일어난다. 이를 모발의 성장주기라고 하고 성장기 → 퇴행기 → 휴지기 → 발생기의 순환을 거치며 이러한 과정을 모발의 성장 주기라고 한다.
모발의 성장은 계절이나 나이, 성별, 건강상태, 호르몬에 따라서도 영향을 받으며 그 외의 요소로는 질환, 유전, 체질, 스트레스 등이 있다.
탈모는 휴지기에서 모발이 하루 50 ~ 70개씩 탈락되어 전체 모발의 15% 이상이 휴지기 상태인 것을 말한다.

1) 성장기(Anagen)

성장기는 모유두의 모모세포가 세포분열과 증식을 하여 모발이 빠르게 성장하는 시기이다. 성장기는 전체 모발의 80 ~ 90%를 차지한다. 여성의 경우에는 4년에서 6년까지 성장기가 꾸준하게 지속되기도 한다. 남성의 경우에는 3 ~ 5년 정도 지속된다. 성장기의 모발은 호르몬과 연령, 건강 상태와 성별에 따라 성장 지속 기간이 달라질 수 있다.

2) 퇴행기(Catagen)

퇴행기에는 모모세포의 세포 성장이 점점 느려진다. 시간이 지나면 더이상 케라틴을 만들어 내지 않아 세포분열이 거의 정지되는 시기이다. 케라틴은 보통 이황화 결합에 의해 물리적으로 단단한 결합물(각화)을 만들어내야 모발로 성장 되지만 이 시기에는 성장이 거의 멈춘다. 전제 모발의 1% 정도의 비중을 차지하며 퇴행기의 모발은 2~3주 정도 지속된다.

3) 휴기기(Telogen)

휴지기는 모발의 세포분열이 완전히 정지되고 모근이 위쪽으로 밀려 올라가는 시기로 전체 모발의 10%에서 14% 정도의 비중을 차지한다. 휴지기는 3~4개월 정도 지속이 되고 이 시기에는 모유두가 위축되고 모낭이 차츰 쪼그라들어 약한 자극에도 쉽게 탈락되기도 하며 샴푸나 빗질에 의해 자연스럽게 탈락하기도 한다. 여성의 경우에는 임신과 출산을 하는 시기에는 일시적으로 전체 모발의 30~40%까지 휴지기 비중이 늘어나기도 하는 특징을 가지고 있다. 이러한 산후탈모증은 세포분열이 완전히 정지되는 시기로 케라틴를 만들어 내지 않는다. 여성 산후 탈모의 경우에는 퇴행기 없이 바로 성장기에서 휴지기로 간다.

4) 발생기(New Anagen)

발생기는 모유두가 다시 활동을 시작함으로써 세포분열을 통해 새로운 모발을 발생시키고 기존의 오래된 모발을 밀어 올려서 자연스럽게 탈락시키는 시기이다. 따라서 한 모낭에서 서로 다른 주기의 모발이 동시에 존재하기도 한다. 신생모는 성장을 시작하고 휴지기 중인 모발은 탈락하게 된다.

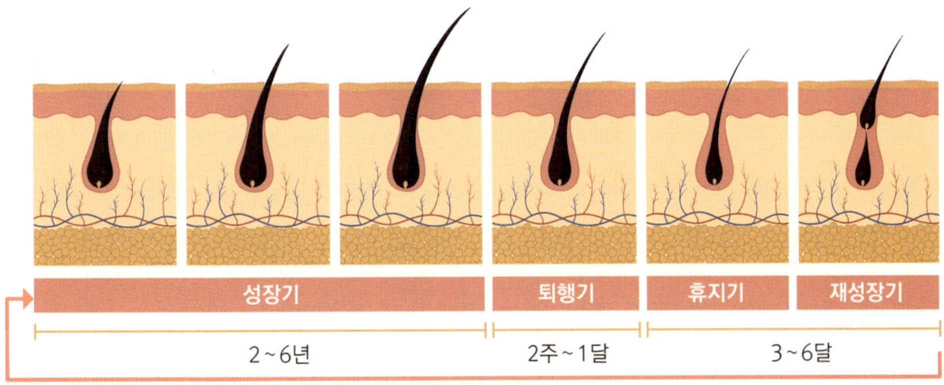

모발의 성장 주기

8. 모발 성장에 영향을 미치는 요인

모발 성장에 영향을 미치는 요인은 병적인 요인과 유전적 요인을 비롯하여 나이, 스트레스, 음주, 흡연, 호르몬 등의 내적요인과 환경과 물리적 · 화학적 요인 등의 외적요인이 있다.

1) 내적요인

① 호르몬에 의한 요인

호르몬은 세포의 기능, 성장, 분화에 영향을 미친다. 따라서 호르몬의 결핍이나 과다 분비는 모발 성장에 큰 영향을 미치게 된다.

② 스트레스, 수면장애

질병, 수면장애, 혈액순환장애, 모낭충 등 생리적 요인은 모유두를 손상시킨다. 특히 장기간 계속되는 스트레스는 신경계에 지속적인 긴장을 발생시켜 정신적, 신체적 기능 장애와 질병을 유발하게 되며 원형탈모증의 주요 원인이 되기도 한다.

③ 영양학적인 요인

모발의 주성분인 케라틴 단백질 섭취가 부족하면 모발 성장에 장애를 일으켜 모발의 재생과 성장에는 비타민과 무기질도 필요하다.

④ 식생활에 의한 요인

모발의 성분의 80% 이상이 단백질과 아미노산으로 구성되어 있어서 건강한 모발 유지를 위해서는 균형잡힌 식단을 생활화하여야 한다. 평소 단백질이 많이 함유된 식품인 검정깨와 검은콩을 섭취하면 모발이 자라는 효과가 있다고 알려져 있으며 흰머리 예방에도 도움이 된다.

⑤ 음주와 흡연

알코올 성분은 염증이나 피지의 분비를 촉진 시킬 뿐만 아니라 혈액순환을 방해하여 모발의 성장 및 발생에 영향을 미치고 탈모를 일으키는 원인이 되기도 한다. 또한 흡연은 혈관을 수축시키고 혈액순환을 방해하고 두피의 건조를 일으키며, 독성물질을 쌓여 치명적인 영향을 받는다.

2) 외적요인

① 환경적 요인

강한 햇빛에 장시간 노출되거나 자동차 배기가스나 대기 중 먼지 공기오염에 의한 아황산이나 질소화합물, 오존 등이 모발 손상을 초래하는 원인이 된다. 특히 자외선은 모발의 단백질 성분 및 시스틴 결합을 파괴시켜 모발의 색이 바래지고, 윤기도 저하시키며 해수나 해풍, 강한소독용 약품, 자동차 배기가스의 유황 등도 모발의 손상요인이 된다.

② 물리적 요인

일반적으로 모발의 성장주기는 모발주기에 의해 자연적으로 빠지게 되는데 물리적인 강한 힘이나 반복적인 힘, 예를 들어 모자를 장시간 쓰거나 머리카락을 묶는 장기간에 걸친 행동은 물리적인 힘에 의해 탈모로 이어질 수 있다. 모발의 물리적 특성으로는 건조성과 광변성, 열별성, 대전성, 팽윤성, 탄력성, 흡습성, 모발의 밀도 등이 작용한다.

③ 화학적 요인

미용실에서 펌, 염색 등과 관련 된 헤어 시술 시 약품 일부가 두피에 잔류하게 되고 높은 온도는 모발을 건조시키게 되며 큐티클이 손상되게 된다. 이 화학적 요인 등에 의해 두피의 기능이 저하되고 모발의 손상을 가져오게 되고 성장을 저해하게 된다.

9. 모발의 기능

① 외부환경으로부터 두피를 보호, 열 손실 차단

② 땀 · 먼지 등으로부터 오염물 차단

③ 외부자극으로부터 중요 신체 기관의 충격보호

④ 외부자극으로부터 감각기능

⑤ 신체의 유해한 약물이나 중금속을 흡수하여 체외배출의 기능

10. 성호르몬과 탈모

1) 여성호르몬(프로게스테론)의 특징

난소의 황체에서 생성시키고 수정란의 착상과 임신을 가능하게 하며 체온을 상승시키는 호르몬이다. 모발의 성장에 있어서는 억제 효과가 있다고 알려져 있으며 몸의 털에서는 성장 촉진 효과가 있다. 두발 부분은 여성 호르몬에 의해 생장 촉진되며 체모는 남성 호르몬의 촉진 작용을 한다. 여성 호르몬의 결핍되면 모발이 거칠고 피부노화 현상으로 탈모가 되기 쉽다.

2) DHT

DHT는 남성 호르몬인 디하이드로테스토스테론(Dihydrotestosterone)을 뜻한다. 혈중에 존재하는 테스토스테론이 모낭에서 5알파-환원효소 리덕타아제(5α-reductase)에 의해 전환된 물질이다.

모낭을 위축 또는 수축시킴으로써 모발을 점차 가늘게 만들고 결국 활동을 정지시키는 역할을 하며 결국 탈모를 유발하는 효소로 알려져 있다. 리덕타아제는 그 밖에 전립선의 성장과 여드름의 발생 특히 앞머리가 전두부의 헤어라인이 위로 올라가게 만드는 데 관여하는 호르몬으로 알려져 있으며 두상의 정수리 부분에 리덕타아제가 상대적으로 많기 때문에 정수리 부분의 주요 탈모 요인으로 알려져 있다. 방향화 효소인 아로마타아제(aromatase)는 여성의 부신에서 생성되는 안드로겐(남성호르몬)에서 여성호르몬인 에스트로겐으로 전환시키는 효소로 여성의 전두부 모낭에 많이 분포하고 있어 남성에 비해 여성의 모낭에서 6배 정도 많이 분포되어 있다. 이러한 차이 때문에 DHT 생성이 억제되어 여성보다는 남성의 탈모가 훨씬 많다.

11. 모발의 특성

1) 흡습성

- 수분을 흡수하는 성질
- 약 35%의 수분이 최대치이며 더 이상 흡수하지 않음
- 모발에 포화 수분 함유량이 35% 일 때 모발의 인장 강도도 최대치
- 건강한 모발에 비해 펌, 킬러 등으로 손상된 모발의 흡습성이 더 높음

2) 팽윤성

- 팽윤성(swelling)이란 어떤 물체가 액체를 흡수하여 그 본질을 변화시키지 않고 체적을 증가시키는 현상, 몸체가 불어나는 현상
- 물에 모발을 담아 두었을 때 일정한 시간이 지나도 더이상 물을 흡수하지도 팽윤되지도 않음. 다만 산성과 알칼리 용해되어 팽윤 모습을 보임
  → 미용 시술 시에 사용되는 환원제가 팽윤 역할을 함

3) 건조성

- 모발이 심하게 건조할 경우에는 모발 손상의 원인으로 작용
- 10 ~ 15%의 수분 함유량을 보존하는 것이 좋음

4) 열변성

- 고온에서 모발의 단백질이 변성되는 성질
- 한번 변성된 모발은 원상회복이 어려움
- 120℃ 전 · 후에서 팽화 현상이 일어나며, 130℃에서부터 단백질 변성이 시작
- 0 ~ 150℃에서 광택 손실 및 변색과 단백질 변성 270 ~ 300℃에서는 탄화되어 모발이 완전히 분해된 → 드라이기 사용 시 60℃ 전·후가 적당

5) 대전성

- 마찰로 인해 정전기가 발생하는 성질 →건조하고 모발 습도가 낮을 때 많이 발생 → 린스 등의 제품으로 정전기 예방

6) 탄력성

- 모발은 일정한 힘을 주어 잡아당겼다가 놓으면 원래의 상태로 돌아오는 탄성을 가르킴(Elasticity)
- 탄력성은 모발의 수분 함유량에 따라 달라짐
- 건조한 모발보다 수분 함유량이 높을 때 탄력성도 증가
- 손상된 모발의 경우 모발을 잡아당겼을 때는 모발이 끊어짐

7) 광변성

- 자외선에 의해 변화되는 모발의 특성을 뜻하는 것으로, 햇빛에 장기간 노출 시 모표피에 손상 → 케라틴에도 변성 → 모발이 얇아지고 가늘어짐
- 여름철 피서 후 손상된 모발을 위해 트리트먼트로 관리하는 것이 좋음

12. 인종에 따른 모발의 밀도와 형태

사람마다 머리 면적(약 700cm^2)에 대한 밀도는 다양하다. 특히 탈모 진행에 따라 감소 되며, 나이, 인종, 성별, 건강, 상태, 환경 등 요인에 등 따라 다르다. 모발의 형태는 인종에 따라 직모, 파상모, 축모 등 3종류로 나누어 볼 수 있으며 굵기 역시 다양하다. 굵은 모발은 0.1 ~ 0.15mm이며, 보통 모발은 0.08 ~ 0.09mm, 가는 모발은 0.05 ~ 0.07mm로 나눌 수 있으며, 인종, 성, 연령, 환경에 따라 차이가 있다. 또한, 곱슬머리가 많은 인종이 있는데, 모발 형태에 따라서 곱슬머리 정도를 나타낸 수치를 모경지수(원의 지름과 반지름의 비율)라고 한다. 모경지수가 100에 가까울수록 원형의 형태이며 모경 지수가 80미만의 경우에는 곱슬머리일 확률이 높다.

1) 직모(straight hair)

모낭이 일직선으로 곧게 뻗어 있는 형태로 모발은 자라나면서 구불거림이 거의 없는 직선형의 모발을 말한다. 황인종에게 많이 볼 수 있다.

2) 파상모(wavy hair)

모발의 횡단면은 통통한 타원형에 가까우며 모낭은 피부 표면으로부터 살짝 휘어져 있다. 구불거림이 약간 있는 모발의 형태로서 주로 백인종에게서 많이 나타난다.

3) 축모(curly)

모낭이 피부표면으로부터 굽어져 있는 형태로 모발의 횡단면이 납작하고 타원형에 가깝다. 곱슬기가 아주 심한 머리이며 흑인종에게서 많이 나타난다.

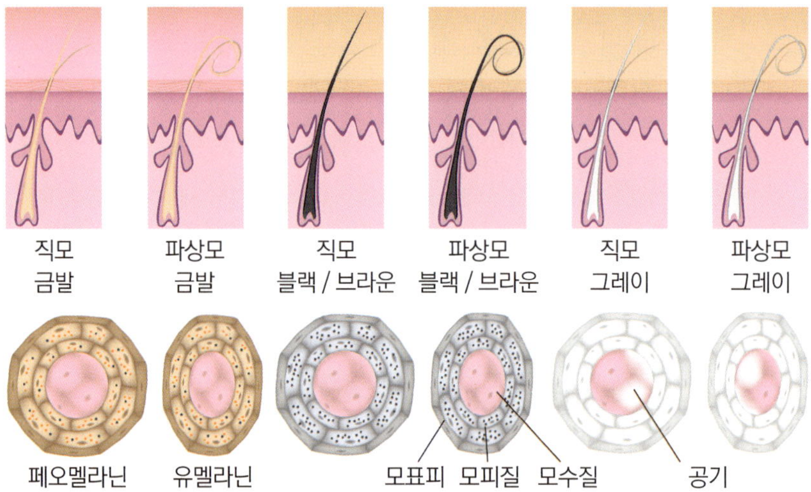

머리색과 재질의 종류

13. 인종에 따른 모발의 색

모발의 색은 인종에 따라 그 색상이 대체로 다르지만 인종마다 각기 다른 색상의 색소를 가지고 있는 것은 아니다. 모든 모발은 두 종류의 색소, 즉 흑갈색계의 유멜라닌(Eumelanin)과 황적색계의 페오멜라닌(Pheomelanin)의 함유량에 따라 모발의 색이 결정된다. 특히 페오멜라닌은 수와 색소 크기의 합성에 따라 모발의 색상이 좌우된다.

멜라닌 양이 많은 순서는 흑색 → 갈색 → 적색 → 금발 → 백발순이며 멜라닌 색소가 파괴는 원인으로는 자외선, 열, 외부자극, 미량원소 부족 등이 있다. 모발은 꽈배기 모양처럼 케라틴 단백질이 단단하게 꼬여 결합된 상태로 존재한다. 유멜라닌은 자외선 방어력이 크고 페오멜라닌은 자외선 방어력이 약한 편이다.

	유멜라닌	페오멜라닌
크기	큼	작다
인종	황인종, 흑인종	백인종
색상	갈색, 검은색, 은색	금발, 백색, 붉은색, 노란색
특징	쉽게 파괴, 탈색용이, 황이 비함유 (시스틴결함이 약함)	쉽게 파괴되지 않음, 탈색이 잘 안 됨, 황이 많이 포함
모양	타원형 쌀알형태	작은 원형 좁쌀형태

14. 모발의 굵기

1) 취모

배냇머리라고 하며 모든 모낭에서 처음 나타나는 털의 형태로 가늘고 수질이 없으며 큐티클층이 관찰되지 않는 것이 특징이다. 취모에는 멜라닌이 없거나 적기 때문에 무색이며 태아기의 모발로 자궁 안에서 탈락되고 연모로 교체되어 나타난다.

2) 연모

소아기 때에 자라는 털이며 가는 솜털로 대부분 연모에 속한다. 모발은 생후 5~6개월쯤 경모로 변한다. 사춘기를 지내면서 겨드랑이털과 음모 부위의 털이 점차 경모로 변화한다.

3) 경모

모발의 굵기가 단단하다. 성인의 머리카락과 겨드랑이털, 음모, 수염 등이 있다.

모발

취모	배냇머리
연모	눈썹, 코털, 머리털, 수염 등
경모	수염, 겨드랑이, 음모 등

C/H/A/P/T/E/R 03

손톱과 발톱

1. 손 · 발톱의 개요

손 · 발톱은 모발과 마찬가지고 경단백질은 케라틴과 이를 조성하는 아미노산(시스틴)으로 주고 구성되어 있고, 지질 0.1 ~ 1%, 유황 3% 이 외 미량원소인 칼슘, 마그네슘, 구리, 망간, 철, 아연 등의 원소로 이루어져 있다. 수분은 7 ~ 10% 정도 함유하고 있으며 손 · 발톱의 경도는 함유된 수분의 함량이나 각질의 조성에 따라 좌우된다. 손 · 발톱 수분량은 외부 환경요인의 영향을 많이 받으며 수분을 많이 함유한 손톱은 부드럽고 잘 갈라지며 건조한 손톱은 부스러지기 쉽다.

손 · 발톱의 성장은 개인의 차에 따라 다르지만 1일 평균 0.1mm로 1개월에 3mm 정도 자라며 완전히 재생되는 데는 4 ~ 6개월 걸린다. 발톱은 손톱보다 성장이 느린 편이며 손톱 중 중지 손톱의 성장이 가장 빠르고 엄지와 중지 손톱은 성장이 느린 경향이 있다.

손톱은 손톱 밑 피부인 조상의 위를 이동하며 자라는 것이 아니라 조상과 함께 손끝은 향해 이동해 나간다.

2. 손 · 발톱의 구조

1) 조근(네일루트, Nail root)

피부 아래 묻혀있는 손 · 발톱 부분으로 약 5mm 길이의 표피 아래 굽어진 곳에 위치하여 볼 수는 없지만 새로운 세포조직이 형성되는 곳이다. 이 부위의 부상 시에는 손 · 발톱에 장애가 발생한다. 조근에서 오래되고 경화된 세포들을 밖으로 내보내어 박테리아와 더러운 것들로부터 보호하기 위해 큐티클을 형성하게 된다.

2) 반월(루놀라, Lunula)

완전히 각질화되지 않은 조체의 베이스부분으로 흰색의 반달 모양을 하고 있다.

3) 조체(네일보디, Nail body)

조판이라고도 하며 큐티클에서 손톱 끝까지 손톱의 본체를 말한다. 조체자체에는 모세혈관이나 신경조직이 없다.

4) 자유연(프리에지, Free edge)

네일베드가 끝난 지점부터 손톱 끝부분까지를 지칭한다. 이 부분은 손톱정리를 할 때 반드시 코너부터 중앙쪽으로 해야 하는데 주의할 것은, 가운데서부터 코너쪽으로 다듬는다든지 앞뒤로 톱질하듯이 다듬지 말아야 한다는 것이다. 이러한 잘못된 행위는 손톱을 망가뜨릴 수 있고 손톱 밑에 있는 얇은 피부층인 하이포니시움(hyponychium)을 상하게 할 수도 있다.

5) 조상(네일배드, Nail bed)

조체의 밑부분으로 지각신경조직과 모세혈관이 존재하고 모세혈관은 손톱이 핑크색을 띠게하는 역할을 해준다. 조상 아래에 있는 표피와 진피는 뼈막에서 표피로 뻗어 있는 콜라겐 섬유에 의해 손가락 뼈의 뼈 막에 부착되어 손톱의 영양공급과 신진대사의 역할을 한다.

6) 조소피(큐티클, Cuticle)

손톱의 주위를 덮고있는 피부를 말한다. 미생물 등 세균의 침입으로부터 손 · 발톱을 보호한다.

7) 조구(네일그루브, Nail grooves)

조상 양측면의 파인 곳을 말한다.

8) 조벽(네일월, Nail wall)

조구를 덮고 있는 양측피부를 의미를 의미하며 외부충격으로부터 손 · 발톱을 보호한다.

자유연은 프리마진 또는 프리엣지(Free Edge)라고도 한다.

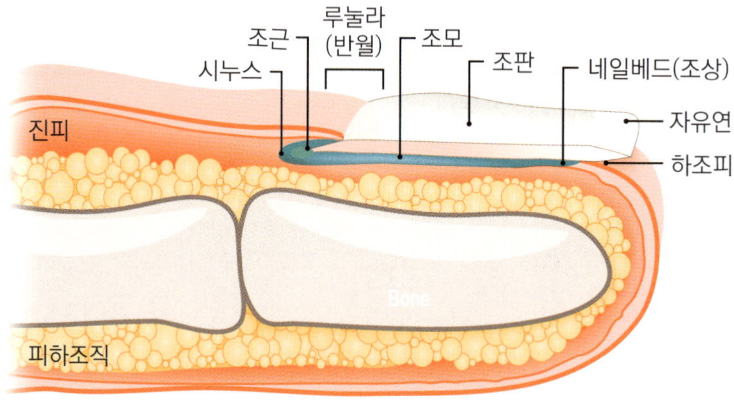

손톱의 구조

memo

C/H/A/P/T/E/R 04

메이크업과 색채

1. 색

1) 색의 3속성

모든 색을 다른 색과 구별하는 데 필요한 색상, 명도, 채도를 색의 3속성이라 한다.

① 색상

색의 3요소 가운데 하나로 빛의 파장에 따라 수많은 색(유채색)이 생겨나는데 이것을 색상이라 한다.

② 명도

색의 밝고 어두움의 정도를 나타내는 명암 단계로 무채색은 명도만 있다.

③ 채도

색의 맑고 탁함을 나타내는 것으로 유채색에만 존재한다.

2) 색의 분류

물체의 색은 흰색, 회색 물체의 색은 흰색, 회색, 검정과 같은 무채색과 빨강, 파랑, 노랑과 같은 유채색의 두 가지로 나누어진다.

① 무채색

색상과 채도가 없이 명도만 존재하며 무채색으로는 흰색, 검정, 회색이 있고 밝을수록 명도가 높고 어두울수록 명도가 낮다.

고명도 중명도 저명도

색의 혼합

② 유채색

무채색을 제외한 모든 색을 말하며 색의 3속성인 색상, 명도, 채도를 모두 갖고 있다.

색상환

3) 색의 혼합

2가지 이상의 색을 섞는 것을 말하며 크게는 색광 혼합과 색료 혼합으로 나뉜다. 색을 섞으면 색상, 명도, 채도에 변화가 생긴다.

① 색광 혼합(가법 혼합)

빛을 서로 더했을 때 점점 밝아지는 혼합을 말한다. 색광 혼합의 3원색은 빨강, 녹색, 파랑이며 TV 모니터, 무대 조명, 액정 모니터 등이 있다. 빛의 3원색을 혼합했을 때는 흰색이 된다.

② 색료 혼합(감산 혼합)

색을 더했을 때 점점 어두워지는 혼합을 말한다. 감법 혼합의 3원색은 파랑, 빨강, 노랑으로 물감, 잉크, 색 필터 등이 있다. 색의 3원색을 혼합했을 때는 검정색이 된다.

색광혼합(가법혼색)

색료 혼합(감법혼색)

색의 혼합

2. 색채심리

1) 색채의 감정과 이미지

(1) 색채의 감정

색을 보고 느끼는 감정으로 춥거나 따뜻함, 흥분과 진정, 진출과 후퇴, 무겁거나 가벼움, 두려움 등을 색채 감정이라 한다.

① 온도감

온도감은 색의 3속성 중 색상에 따라 온도감이 다르게 나타나며 난색일수록 따뜻한 느낌이 들고 한색일수록 차가운 느낌이 드는데 이를 온도감이라 한다.

② 흥분과 진정

같은 난색 계열의 고채도는 감정을 흥분시키고, 한색 계열의 저채도는 진정시키는 효과가 있어 색의 3속성 중 색상의 영향이 가장 크다.

③ 거리감

앞으로 나와 보이는 색을 진출색이라 하고, 들어가 보이는 색을 후퇴색이라 한다.

2) 색채의 대비와 동화

(1) 대비

두 가지 색을 인접하게 배치했을 때 두 가지 색이 크게 차이가 나게 보이는 것을 대비라 한다.

① 색상 대비

같은 색을 다른 색상 위에 올려놓았을 때 두 색이 서로의 영향을 받아 색상 차이가 나 보이는 것을 색상 대비라 한다.

② 명도 대비

같은 색을 각각 다른 명도 위에 올려놓았을 때 서로의 영향을 받아 명도가 다르게 보이는 것을 명도 대비라 한다.

③ 보색 대비

색상환에서 마주 보는 색으로 두 색을 가까이 두었을 때 각각의 색이 더욱 선명해 보이는 것을 보색 대비라 한다.

(2) 동화

두 색상이 서로 영향을 받아 인접 색과 유사해 보이는 것을 동화라 한다.

3) 색채의 연상과 상징

과거의 기억이나 경험, 개인 각자의 생활 환경에 따른 연상 감정 등이 시각적 의미로 나타 나는 것을 말한다. 연상과 상징은 유사한 의미이다.

(1) 색의 연상과 상징

① 빨강

열정, 위험, 흥분을 연상시키며 주목성과 시인도가 높다.

② 노랑

봄, 명랑함, 병아리를 연상시키며 색 중에서 명도와 채도가 가장 높다.

③ 검정

죽음, 공포, 엄숙을 연상시키며 무채색 중에서 명도가 가장 낮다.

4) 색의 심리적 · 기능적 작용

어떤 색을 마주 했을 때 개인의 경험과 환경에 따라 심리적 반응을 일으켜 색에 대한 반응이 개인마다 다르게 지각되고 표현된다.

① 주조색

전체색의 약 70% 이상을 차지하는 색상을 말한다.

② 보조색

주조색을 보조하는 색으로 전체색의 20% 정도를 차지하는 색이다.

③ 강조색

시각적으로 활기를 넣어 주는 색으로 배색에서 포인트로 사용되며 10% 이내의 면적을 차지한다.

5) 색의 이미지

① 로맨틱 이미지

여성스럽고 사랑스러운 낭만적인 이미지로 분홍, 노랑, 살구, 핑크 등의 밝은 색이 조화를 이루도록 한다.

② 시크 이미지

시크 이미지는 도시적이고 센스 있는 세련미가 특징이며 차분한 회색을 사용하여 다른 톤과 조화를 이루도록 한다.

③ 엘레강스 이미지

우아하고 고급스러우며 품위가 돋보이는 이미지로 예로 제시된 회색 기미의 보라와 분홍, 베이지 색 등을 주조색이다.

3. 색채배색

색채 배색이란 두 가지 이상의 색을 효과나 목적에 맞게 배치하여 조화로운 이미지를 나타내는 것이다.

1) 그라데이션 배색

한 방향으로 점진적인 변화를 나타내는 배색이다.

2) 반복 배색

두 가지 이상의 색을 일정하게 반복하면서 조화를 주는 방법으로 통일감을 준다.

3) 동일 색상 배색

동일한 색상에 명도와 채도만 변화시킨 배색으로 무난한 느낌을 표현할 수 있다.

4) 뷰티 색채 이미지 배색

① 내추럴 이미지

자연 발생적인 친근하고 편안한 이미지로 주로 중간색과 유사색으로 표현한다.

② 귀여운 이미지

달콤하고 사랑스러우며 즐거운 느낌이며 난색 계통의 밝고 따뜻한 색을 주로 사용한다.

③ 화려한 이미지

원색 위주의 배색으로 강한 반대 색상을 이용하여 화려하고 환상적인 이미지를 표현한다.

4. 색채디자인

1) 색채 디자인 연출

색을 이해하고 활용하여 신체 색에 잘 어울리는 이미지를 표현하여 개개인이 가진 아름다움과 개성을 연출하는 것을 색채 디자인 연출이라고 한다.

(1) 색채 분석

개인의 피부색, 눈동자 색, 머리카락 색 등 고유의 신체 색과 사계절 색상을 연관시켜 비교 분석한다. 사계절 분석은 피부 바탕색을 기준으로 계절 타입에 어울리는 색을 선별하는 것이다.

(2) 색채 계획

개인의 신체 색과 원하는 이미지, 트렌드를 고려하여 주조색, 보조색, 강조색을 선정한 후 이미지에 어울리는 배색을 한다.

2) 디자인의 요소 및 원리

(1) 뷰티 색채 디자인의 요소

피부색, 머리카락 색, 눈동자 색, 재질 등의 요소로 구성되어 있고, 각 요소에 따라 다양한 효과를 연출할 수 있다. 선은 시선을 유도하고 형태를 구성하며 유행에 따라 민감하게 변화한다.

(2) 색채 디자인의 원리

디자인의 원리에는 두 개 이상의 요소가 서로 분리되지 않고 서로 어울려 보이는 조화(harmony)와 시각적으로 기울지 않고 안정감을 주는 균형(balance), 동일한 요소나 대상이 반복적으로 나타나는 율동(rhythm) 세 가지가 있다.

(3) 배색과 재료

① 배색

조화로운 배색을 위해서 색의 3속성을 기본으로 동일 색상 배색, 유사 색상 배색, 반대 색상 배색, 보색끼리의 배색 등이 가능해진다.

② 재료

배색을 하기 위한 재료로는 컴퓨터 자동 배색과 육안 조색으로 나눌 수 있다. 육안 조색의 재료는 물감 활용과 잡지나 색지를 이용하여 배색할 수 있다.

3) 뷰티 디자인 목적에 따른 분류

(1) 뷰티 디자인의 목적

개인의 요구와 직업, 연령, 피부나 눈동자 색, 머리카락 색과 트렌드를 고려하여 결점을 보완하고 장점을 부각시킬 수 있는 뷰티 색채를 활용하여 조화롭고 아름답게 디자인 하는 데 목적이 있다.

(2) 메이크업 디자인

개인의 얼굴형, 피부색, 얼굴 형태, 눈, 코, 입술 등의 결점을 보완하고 장점을 부각시켜 조화롭고 아름답게 디자인한다.

(3) 헤어디자인

두상의 형태, 모발의 색, 모발의 양, 목적, 장소, 연령 등에 어울릴 수 있는 디자인을 한다.

(4) 네일 아트 디자인

개인의 취향과 손의 형태, 손톱의 형태 등을 고려하여 디자인한다.

네일 아트 디자인

P/A/R/T

2

메이크업의 이해

C/H/A/P/T/E/R 01

메이크업의 의미

1. 메이크업과 화장의 의미 및 법규

1) Make-Up , 화장(化粧)

(1) Make-up

영어로는 "colored substances used on your face to improve or change your appearance"로 정의되며 wear make ups , put on make up 으로 사용된다. 한글에서 메이크업은 명사로 사용되고 있으며 대사전에는 '1. 기초화장을 한 다음에 하는 색조화장', '2. 배우가 연극이나 영화 따위에 출연할 때에 하는 무대 화장' 으로 표기된다.

메이크업의 사전적인 의미는 '제작하다' '보완하다'라는 뜻으로 결점을 커버하고 장점을 더욱 더 아름답게 보이도록 꾸미도록 매만지는 행위를 뜻하며 얼굴 및 신체를 보안· 수정하고 아름답게 꾸미는 행위라 할 수 있다.

(2) 화장(化粧)

화장(化粧)이라는 단어는 일제의 영향이다. 고려시대에 쓰인 적이 있기는 하지만, 현대에 쓰는 화장과 달리 화장(化裝)으로 표기하였었다. 지금 사용하는 화장(化粧), 화장품(化粧品)이라는 말은 개화기 이후 신식 화장품이 수입되면서 사용된 용어이다.

화장품의 영어 표기는 코스메틱(cosmetic)으로 그리스어인 코스메티코스(cosmeticos)가 그 어원으로 ' 잘 감싼다' 라는 의미를 가지고 있다. 코스메티코스는 무질서, 혼돈의의 반대의 개념으로 질서 있는, 조화를 뜻하는 코스모스(Cosmos)에서 유래 되었다. 이런 의미에서 화장품이란 질서 있게 조화 시키는 물건이라고 할 수 있다.

(3) 공중위생 관리법

공중위생 관리법에서 메이크업 미용업은 '얼굴 등 신체의 화장, 분장 및 의료기기나 의약품을 사용하지 아니하고 눈썹 손질을 하는 영업' 으로 정의하고 있다.

공중위생관리법 제8조 제2항 (장소제한) - 미용업 업무 영업소 외의 장소에서 할 수 없으나 질병이나 그 밖의 사유로 영업소에 나올 수 없는 경우, 혼례 등 의식 직전, 사회복지시설에서의 봉사활동, 방송 등 촬영 전 참여인에 대한 미용행위는 할 수 있게 규정되어 있다.

(4) 국가기술자격 - 미용사(메이크업)

우리나라는 2015년 메이크업 미용 기능사 자격종목을 따로 분리하여 메이크업기술만으로 국가기술자격취득이 가능하게 되었다. 그동안 메이크업에 대한 기술만 배우고 싶었던 예비 메이크업 아티스트들은 커트, 펌 등 헤어미용기술 등 모든 종목을 배워 미용사 기능사 자격증을 취득해 정식 메이크업 아티스트로 취업할 수 있었다.

메이크업이라는 단 하나의 기술을 실무에 사용하기 위해서는 많은 비용을 들여 불필요한 종목까지 시험을 봐야 하는 상황이었다. 이 같은 고충을 해결하고자 메이크업을 미용업에서 분리하는 내용을 담은 공중위생관리법 시행령 개정안이 시행되어 메이크업을 미용사(일반)기능사 자격종목에서 분리해 미용사(메이크업) 기능사 자격종목 신설, 메이크업 기술 습득만으로 관련 국가기술자격 취득 및 메이크업 시술이 가능해 진 것이다.

국가기술자격명은 미용사(메이크업)로 영문명은 Makeup Artist이며, 미용사(메이크업)의 관련부처는 보건복지부이고 시행기관은 한국산업인력공단이다. 메이크업 국가 자격을 취득하기 위해서는 한국산업인력공단에서 시행하는 미용사(메이크업)의 필기와 실기 시험을 치루면 된다. 필기과목인 메이크업 개론, 공중위생관리학, 화장품학을 공부하여 필기시험을 합격하면 2년 이내에 실기시험을 볼 수 있는 자격이 주어지며 실기의 경우 상시로 시험을 칠 수 있다.

2) 기초화장

기초화장(基礎化粧) 은 피부를 아름답게 다듬고 메이크업을 효과적으로 하기 위한 기본적 화장이라고 할 수 있으며 세안 후의 스킨, 로션 등을 이용해 피부를 정돈한 후 선크림 등을 바르고 파운데이션까지의 단계를 말한다.

3) 베이스 메이크업

기초화장과 색조화장 사이에 베이스 메이크업(base makeup)의 단계를 거치는데 이는 색조화장이 잘 되도록 피부결을 매끄럽게 정리하는 화장이다. 메이크업 베이스, 파운데이션, 컨실러, 파우더 등 피부표현의 전반적인 과정을 베이스 메이크업이라고 한다.

4) 색조화장

색조화장(色調化粧)은 아이섀도, 립스틱, 치크 등 색상이 있는 제품을 이용해 이목구비를 또렷하게 하여 얼굴을 더욱 아름답게 보이도록 하는 화장이다.

5) 풀 메이크업(Full make-up)

기초화장부터 색조 화장까지 화장의 전 단계를 하나도 빠뜨리지 않고 거쳐 꼼꼼하게 마무리한 화장이며 오랜 시간과 정성을 들여 하는 화장이다.

6) 수정 메이크업

기초화장과 색조화장이 끝난 후 메이크업을 고치는 행위를 수정 메이크업 또는 수정 화장이라고 한다. 메이크업은 보통 하루에 한번 하는 행위로 장시간 동안 하고 있을 경우 수정화장이 필요하다.

피부색에 따른 메이크업

2. Make-Up, 분장(扮裝)

화장과 분장 모두 영어로 Make up 이라고 하며 특수 분장의 경우에는 special effect make-up이라고 분리해서 사용한다. 화장품 제조회사에서 상품을 파는 미용사원들에게 화장을 가르쳐 주며 'beauty make-up'이라고 해야 하는 화장을 beauty를 생략하고 make-up이라고 불러온 전례로 최근 분장과 화장이 혼용되고 있으나 엄밀한 의미에서는 구별된다.

분장은 사전적인 의미로 등장인물의 성격, 나이. 특징 따위에 맞게 배우를 꾸미는 것을 이야기하며 차림새까지 포함한다. 화장은 얼굴을 아름답게 가꾸는 행위로 치장과 멋 내기를 의미한다면 분장은 배우나 극중 인물 등 특정 캐릭터 표현을 하는 행위라 할 수 있겠다. 분장도구인 가발이나 의상 따위를 포함하며 특정인물을 표현하는 데 중점을 둔다.

예를 들면 60대 노인의 얼굴에 메이크업을 하는 것은 노인 메이크업이나 20대 얼굴에 60대의 얼굴 표현을 하기 위해 하는 것은 노역분장이다. 다음의 사진은 동일 인물의 한쪽에는 내추럴 메이크업을 한쪽에는 노역분장을 한 것이다.

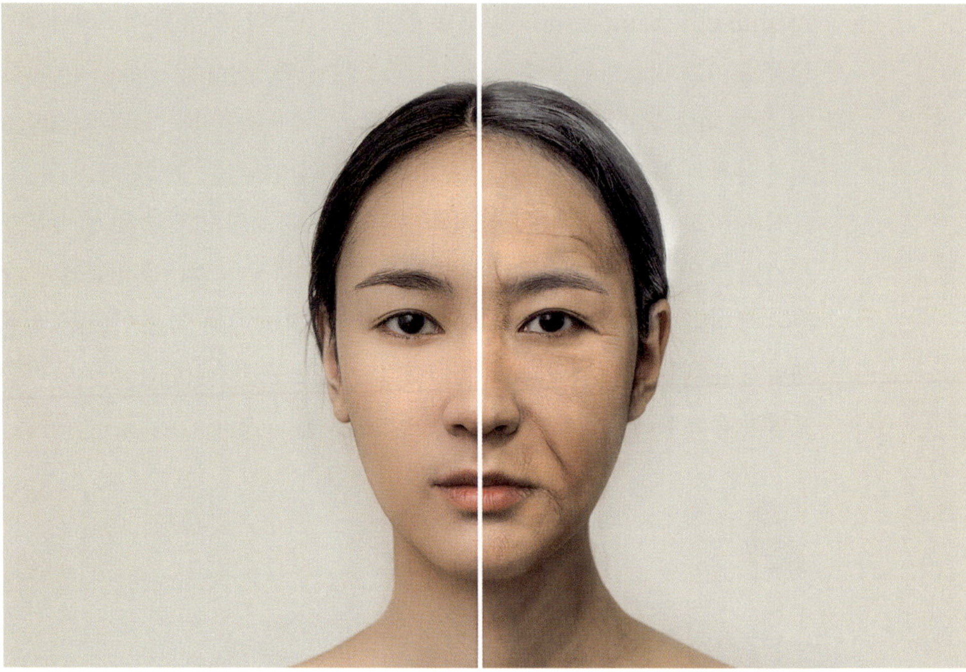

분장

3. 메이크업의 사용되는 용어

메이크업에 사용되는 용어는 영어표현이 주를 이르고 있으며 화장품 회사에서 제품을 생산함에 따라 새로 생겨나는 신조어 또한 많이 있다. 그 예로는 이전에는 없었던 BB(Blemish Balm)크림이나 CC크림 등이 있겠다.

비비크림

요즘 특히 많이 사용되고 있는 BB크림의 경우 독일의 피부과의사의 발명품으로 피부 레이저나 필링 치료 직후 피부를 보호하기 위한 의료 제품으로 사용되었으며 회색의 빛을 띠었었다. 하지만 한국 화장품 회사들이 이 크림을 일상적인 메이크업 제품으로 상품화하고 현재는 파운데이션을 대처하는 제품으로 많이 사용되고 있다. Blemish Balm에서 블레미시는 주근깨, 기미, 여드름 등을 말하며 밤은 고통을 감소시키는 연고라는 의미가 있다. 즉 Blemish Balmdms 피부의 주근깨, 기미 등을 억제하는 크림이라고 번역 가능하다.

CC크림은 BB크림의 대중적인 화장품으로 사랑 받고 난 후 화장품 회사에서 만들어낸 후속 제품으로 한가지의 뜻으로만 사용되지 않고 여러 가지 뜻으로 사용된다. Control Color(색을 조정하는 것), Complete Correction(완벽하게 보정하는 것), Care Control(관리하고 조절하는 것), Care Correcting(관리하고 보정하는 것) 등이 있으며 피부색을 조정하는 기능의 크림이라고 할 수 있다.

메이크업 화장품

메이크업 용어들의 영어표현이 많은데 한글로 표현하기 부족한 단어들이 많으며 대부분의 용어들이 화장품의 제품에서 따오거나 화장품의 광고 등에서 용어 들을 만들어 내기 때문에 우리나라보다 먼저 화장품제품을 많이 만들어 내었던 영어 또는 프랑스어로 용어 사용이 상용화되었고 우리나라의 경우 영어표현을 그대로 사용하기 시작하여 한국화장품 회사에서 제품을 만들어도 이미 널리 사용된 영어 표현을 사용하고 있다.

이처럼 여러 새로운 단어나 줄임 단어가 많이 사용 되고 변화 되는 용어들이 많이 있지만 간단하게 많이 사용되는 용어를 정리하면 다음과 같다.

1) 피부표현에 사용되는 용어

쌩얼(bare face)

날 것 그대로를 뜻하는 접두사 '생'(生)을 가지고 더 강한 느낌을 위해 '쌩'으로 쓰고, 여기에 얼굴을 결합한 단어이다. 'fresh face' ,'naked face'의 의미를 생각하면 되겠다. 쌩얼보다는 민낯이라는 표현이 맞으며 쌩얼은 관용적 표현이며 화장을 하지 않은 얼굴이라고 보면 된다.

피부표현제품

① 누디(Nudie)

Naked에서 파생된 단어이지만 메이크업에서는 주로 피부표현에 많이 사용되며 아무것도 바르지 않은 듯해 피부색에 가까워 보이는 아주 가벼운 피부표현이다.

② 오일리(Oily)

피부표현에서 유분기가 돌아 번들거리는 상태를 이야기한다.

③ 매트(Matte)

윤기를 뺀, 광택이 없는 이라는 뜻으로 오일리와는 반대되는 의미로 파우더 등으로 사용하여 유분감을 없애고 건조하게 표현되었을 때 사용한다.

④ 파우더리(Powdery)

파우더는 분말 가루 화장품으로 파우더 등을 사용하여 얼굴이 보송보송한 느낌으로 표현되었을 때 많이 사용된다.

⑤ 하이라이팅(Highlighting)

피부톤보다 밝은 색 또는 미세한 반짝임을 주는 펄, 하이라이터 등을 사용하여 본래의 색보다 밝게 하여 돋보이게 할 때 사용하며 T존이나 광대 등에 사용한다.

⑥ 셰이딩(Shading)

그림자 처리의 의미이나 메이크업 에서는 주로 어두운 색상의 파운데이션이나 셰이딩 제품을 이용하여 얼굴의 깊이와 음영을 주는데 사용되면 얼굴의 가장자리나 코벽 등에 사용된다.

⑦ 스트로빙(Strobing)

셰이딩을 쓰지 않고 하이라이팅 제품만으로 얼굴을 표현할 때 사용한다.

⑧ 컨투어링(Contouring)

사전적인 의미는 '윤곽형성' 또는 '외형형성'이나 메이크업에서는 얼굴의 윤곽을 살려주어 입체적으로 보이게 하는 메이크업 방법이다. 셰이딩과 하이라이트를 사용하여 얼굴의 윤곽을 살리는 메이크업으로 무대분장 등 강한 메이크업에 사용된다.

2) 기능 용어

① 워터프루프(Waterproof)

water(물)+proof(막는, 견디는)의 합성어로 방수의 의미로 사용되며 메이크업에서는 방수성이 높아 물이나 땀에 잘 번지지 않는 의미로 사용되며 대표적으로 워터프루프 마스카라 등이 있다.

② 롱래스팅(Long-lasting)

'오래도록 지속하는, 길게 계속되는'이라는 사전적 의미로 메이크업에서도 지속성이 높은 제품 등을 설명할 때 사용된다.

③ 다크닝(Darkling)

사전적 의미는 '어둠속에 있는', '어스레한'이라는 뜻이지만 메이크업에서는 제품이 공기에 산화되면서 칙칙하게 변화되어 어둡게 보일 때 사용된다.

④ 크리즈(Crease)

사전적으로 접은 자국이 생긴다는 뜻이며 메이크업의 제품이 주름 등에 끼일 때 사용되며 쌍꺼풀에 아이섀도 등이 끼여 있을 때 사용된다.

⑤ 그라데이션(Gradation)

하나의 색채에서 다른 색채로 변하는 단계, 혹은 그러한 기법을 의미하는 단어이며 메이크업에서 또한 색과 색 사이의 자연스러운 변화에 사용된다.

⑥ 커버력(Cover)

'덮다', '씌우다'의 뜻을 가진 영어 단어 Cover를 기능화한 단어로 피부잡티 등을 가려주는 제품군에서 많이 사용되며 '커버력이 있거나 없다' 로 표현된다.

⑦ 블랜딩(Blendind)

서로 다른 것을 섞는 것을 의미하며 메이크업에서 또한 두 가지 이상의 제품 또는 색상을 섞어서 사용할 때 사용된다.

3) 질감 용어

① 텍스처(Texture)

결을 나타내는 용어로 메이크업에서 표현법이나 방식을 이야기 할 때 많이 사용된다.

② 리퀴드 타입(Liquid Type)

액체의 맑은 타입을 이야기하며 파운데이션 등에서의 물같이 맑은 타입을 이야기할 때 사용된다.

③ 밤(Balm)

진통제, 향유의 사전적 의미를 가지고 있으나 메이크업에서는 연고나 굳은 형태의 질감을 가진 타입을 이야기할 때 사용된다.

④ 글로시(Glossy)

'광택이 있는' 사전적 의미로 메이크업에서 역시 광택이 있는 표현에서 많이 사용되면 립 글로스 등이 대표적이다.

⑤ 플럼핑(Pumping)

통통한 포동포동한의 사전적 의미로 메이크업에서 부푼 듯한 풍만하게 표현한 듯한 표현에서 사용되면 입술에 바르면 입술이 즉각적으로 통통해지고 주름이 사라지는 립글로스 제품들이 있으며 이럴 때 플럼핑 효과가 있다 등으로 사용된다.

4) 펄감 용어

① 펄(Pearl)

원래 진주, 자개의 사전적 의미이다. 메이크업에서는 반짝이는 질감의 것들을 총칭하여 많이 사용되며 제품군을 이야기할 때 반짝이는 경우 '펄감이 있다' 라고 표현한다.

② 쉬머(Shimmer)

미광의 뜻으로 희미하게 빛나는 등의 사전적 의미로 메이크업에서도 과하지 않게 은은하게 빛나는 질감에 사용된다.

③ 스파클링(Sparkling)

'빛나게 하다', '반짝이다'라는 사전적 의미를 가지고 있으며 메이크업에서는 은은한 반짝임보다는 국소적인 강한 반짝임에 사용된다.

④ 글리터링(Glittering)

'반짝반짝 반사하다', '화려하게 꾸며지다'라는 사전적 의미를 가지고 있으며 메이크업에서 또한 강한 반짝임에 표현에서 사용되면 펄의 입자가 굵을 때 사용된다.

C/H/A/P/T/E/R 02

메이크업의 목적

메이크업은 피부 및 신체를 보호하고 장식적 의미를 부여하여 인간의 본능인 미적부분을 충족시켜 자아를 개성 있게 표출하는 수단이다.

1. 본능적인 목적

개인 또는 종족보존의 본능적인 목적에서 성적인 매력을 표현하기 위함이며 이성에게 성적인 매력을 표현하는 수단으로서의 미화의 목적이 강하다.

2. 실용적인 목적

생활의 편의를 도모하거나 같은 종족임을 표시하여 종족을 보호하고 방어하기 위한 실용적인 목적으로 사용되어 왔으나 근래에는 외부의 먼지나 자외선, 대기오염, 온도 등으로부터 피부를 보호하는 목적으로 사용된다.

3. 신앙적인 목적

이집트에서 눈 화장은 신으로부터 보호를 받는 동시에 악귀가 몸에 들어오는 것을 막는다는 미신 등의 종교적인 의미에서 행해져 오던 것이 메이크업을 변천된 것으로 현재에서는 신앙적인 목적으로 사용되는 경우는 매우 드물다.

4. 표시적인 목적

어떠한 상황을 표시하기 위한 목적에서 발생한 것이 그대로 메이크업으로 정착된 것으로 그 예로는 흰 피부는 밖에서 장시간 노동을 하지 않아도 되는 것을 드러내는 고귀한 신분을 나타내는 것이다. 이처럼 신분이나 계급을 표시하기 위한 목적으로 사용되었다.

memo

C/H/A/P/T/E/R 03

메이크업의 기능

상대방에게 커뮤니케이션을 보다 원활하고 효과적으로 수행하기 위한 비언어적 전달 수단으로 메이크업은 외모에 대한 관리 및 변화의 욕구를 충족 시켜 줄 수 있는 중요한 도구이다. 메이크업은 착시 현상을 만들어 내기도 하며 메이크업의 변화로 이미지를 다르게 할 수도 있고 개인의 감정 및 타인의 감정까지 달라지게 한다.

1. 메이크업의 물리적 기능

1) 보호기능

피부보호의 목적으로 미세먼지와 자외선, 대기오염, 온도 변화 등 외부 환경으로부터 피부 보호의 기능이다.

2) 미화기능

가장 기본적인 기능으로 제품으로 인한 외형적인 미화 효과와 변화로 미를 충족시켜 얼굴 및 신체의 아름다움을 추구하는 기능이다.

2. 메이크업의 심리적 기능

외모의 자신감을 부여함으로써 심리적으로 능동적이고 적극적인 자신감을 드러내며 개인의 사고방식이나 가치추구의 방향을 표현한다.

3. 메이크업의 사회적 기능

무언의 사회전달 역할을 말하며 사회적 관습이나 예의의 표현이고 자신이 사회에서 갖는 지위, 직업, 신분을 표시할 수 있다.

memo

C/H/A/P/T/E/R 04

메이크업의 T.P.O

메이크업을 디자인하여 시행할 때 시간(Time), 장소(Place), 상황(Occasion) 에 적합하도록 해야 한다. 계절적 시간에 적합한 색상을 사용한 메이크업을 했는지, 데이 메이크업인지 나이트 메이크업인지를 생각 하고 어떤 장소에 적합한 메이크업인지 예를 들면 야외용 메이크업인지 실내 스튜디오인지 생각하여야 하고 마지막으로 상황에 적절한지 예를 들면 결혼식 행사인지 면접인지 등을 모두 고려하여 메이크업을 시행하여야 한다.

1. 시간(Time)

1) 데이 메이크업(Day Make up)

데이 메이크업은 낮 동안의 메이크업으로 직장생활인 오피스 내에서의 메이크업 또는 야외활동에서의 메이크업을 의미한다. 낮 동안의 메이크업은 대부분 아침에 하여서 오후까지 지속되기 때문에 지속가능성을 높이는 메이크업이 적절하다.

Day Make-up	너무 과하지 않은 메이크업으로 단정하고 깔끔한 분위기로 표현
SKIN	일하는 오피스공간의 조명 또는 야외활동의 조명을 고려하여 피부표현을 하는 것이 중요하며 자연스러운 느낌으로 표현하는 것이 좋다.
EYE BROW	비즈니스용 메이크업이라면 신뢰감을 줄 수 있는 직선적인 느낌을 주어서 지적이고 샤프한 이미지 표현을 하는 것도 좋다.
EYE	지나치게 강한 눈 화장이나 인조 속눈썹 등은 오랜 시간 메이크업을 지속할 경우 피로함을 높이기 때문에 피하는 것이 알맞으며 너무 과한 색상의 섀도는 피하도록 한다.
LIP & CHEEK	근무 중임을 감안할 때 펄이나 글로스 등 반짝임이 강한 것은 적합하지 않으니 피하는 것이 좋겠다. 입술 화장 시 수정 화장이이 용이하고 치아에 잘 묻지 않는 제품을 사용하여야 한다.

2) 나이트 메이크업(Night Make-up)

나이트 메이크업은 퇴근 후 사적인 시간의 상황에 맞는 메이크업으로 낮보다는 야외활동 시 어둡고 실내는 화려한 조명이 있는 것을 감안하여 색이 강하고 이목구비는 선명하게 표현하는 메이크업이다. 얼굴의 결점을 수정하고 윤곽선을 또렷하게 표현하며 눈이나 입술을 강조하여 화려하고 생기 있게 표현한다.

Night Make-up	장소에 따라 다르지만 어두운 밤에는 조금 화려한 메이크업이 적당
SKIN	약속 장소의 조명에 따라 달리 표현하지만 낮보다는 강한 피부표현으로 다양한 시도를 할 수 있다.
EYE BROW	메이크업의 콘셉트에 따라 달리하지만 자연광이 있는 낮보다는 밤의 조명의 맞추어 강하고 진하게 표현하는 것이 좋다.
EYE	컬러풀한 색상과 스모키 메이크업 등 하이라이트와 펄을 사용하여 화려한 이미지를 연출하는 것도 좋다.
LIP& CHEEK	글로스, 매트, 강한 립 등으로 파티 분위기를 연출할 수 있다.

Day Make-up

Night Make-up

2. 장소(Place)

1) 실내 메이크업(Indoor Make-up)

실내 메이크업은 실내 어디인지 조명이 어떠한지에 따라 메이크업이 달라진다. 실내의 있는 조명의 색과 밝기에 따라 메이크업을 조절할 필요가 있다. 예를 들면 실내 스튜디오를 생각하여도 스튜디오마다의 조명의 밝기와 위치가 다르기 때문에 그에 맞는 톤의 조절이 필요하다.

조명이 너무 어두운 곳에서는 피부 톤을 약간 밝게 하고 화려하고 밝은 컬러를 이용해 얼굴을 화사하게 표현하여야 한다. 반면 너무 밝은 조명이나 핀 하이라이트 조명이 있을 시에는 강한 펄이나 글리터를 피하는 것이 좋다.

2) 실외 메이크업(Outdoor Make up)

태양빛이 강한 실외에서는 피부의 결점이 그대로 드러나고 메이크업 또한 아주 자세히 보일 수 있다. 피부 톤 표현이 아주 중요한데 반드시 목의 색상과 일치하여 자연스러운 피부 톤을 연출하여야 한다.

실외 메이크업 시에는 날씨의 상황 등도 고려하여 너무 강한 태양이 있는 여름에는 답답하고 어두운 립스틱 색은 피하는 게 좋고 가벼운 표현이 맞으며 눈이 쌓인 겨울 실외 상황은 너무 화려한 메이크업보다는 피부의 결점 없이 커버 하고 다운 된 립 컬러 등으로 표현하는 것이 좋다.

3 상황(Occasion)

1) 내추럴 메이크업(Natural Make-up)

내추럴 메이크업은 자연스러운 메이크업으로 데일리 메이크업 상황을 생각하면 된다. 각자의 개성과 매력을 살려서 메이크업 하지만 매일 하기에 부담이 없고 시간이 너무 오래 걸리지 않는 메이크업이다.

Natural Make-up

Party Make-up

2) 파티 메이크업(Party Make-up)

파티 메이크업은 사교모임을 위한 메이크업으로 의상을 고려하여 화려하고 강하게 표현된 메이크업으로 데일리로 하는 메이크업이 아닌 특정 행사나 모임을 위한 메이크업으로 상황의 목적에 맞는 메이크업을 하는 것이다.

3) 포토, 미디어 메이크업(Media Make-up)

컬러포토, 잡지, 사진, 카탈로그 등의 인쇄 매체와 영상 매체의 상황을 가진 메이크업으로 조명 및 장소, 캐릭터와 역할 등을 고려하여 적절하고 자연스럽게 표현하는 메이크업이다. 메이크업 콘셉트와 조명을 고려하여 정확히 표현해주는 것이 좋다.

Magazine Make-up

Brand Ads Make-up

4) 스테이지, 캐릭터 메이크업(Stage Make-up)

스테이지와 캐릭터 메이크업은 연극이나 영화 패션쇼 등 공연을 위한 메이크업으로 무대의 크기와 조명을 고려하고 등장인물의 성격을 분석하여 그에 적절한 메이크업을 하는 것으로 아름다움의 목적도 있지만 공연의 성격에 맞는 메이크업을 연출하여야 하고 스테이지의 크기 등에 따라 아주 강한 메이크업이 될 수도 있다.

Stage Make-up

Character Make-up

C/H/A/P/T/E/R 05

메이크업의 기원

화장의 기원에는 여러 가지의 학설이 있으나, 인체의 아름다운 부분을 돋보이게 하고 단점이나 약한 부분을 수정 또는 위장하고 싶어 하는 인간의 본능에서이라는 것이 가장 유력하나 이외에도 여러 가지 설 중 대표적인 다섯 가지 설은 다음과 같다.

1. 종교설

주술적이고 종교적 목적으로 메이크업이 시작되었다는 설이다. 향료, 향유에 의한 피부손질, 장례의식, 종교의식 등의 주술적인 행사에서 시작되어 특정 색상이나 모양으로 의복이나 신체를 장식하여 재해를 물리치고 신에게 경배하기 위해 향나무 가지를 태우고 향나무 잎이나 열매의 즙으로 향수나 향로를 만들어 미화 수단으로 사용하였다.

2. 보호설

어떤 종류의 위험으로부터 보호하고 은폐시키기 위한 수단으로 메이크업을 하였다는 설이다. 맬러카이드, 걸리너, 안티모니 가루에 동물기름을 섞어 만든 코울(Kohl)이나 진흙을 눈 주위네 발라 태양과 모래, 곤충으로부터 눈과 신체를 보호하고 막아주는 수단으로 사용되었다.

3. 장식설

원시시대에 인간이 옷을 입기 전 나체의 상태에서 미적 본능으로 장식적인 수단에서부터 메이크업이 시작되었다는 설이다. 나체 상태에서 동물, 꽃 등을 그리거나 다양한 색채의 식물 색료를 사용하여 조각과 문신을 새겨 자신을 장식하는 행위가 발전되어 메이크업으로 이어졌다.

4. 신분표시설

집단 내에서 지위나 계급, 성별 등을 구별하기 위한 목적으로 메이크업이 시작되었다는 설이다.

지금도 인도 여성 등 사이에서 행해지는 미간의 붉은 점은 힌두교가 인도 전역으로 퍼진 4세기부터 빈디를 칠하면서 기혼을 표시하는 것으로 사용되었으며 이는 힌드 특유의 남존여비사상이 가져온 것으로 기혼여성은 빈디의 붉은 칠을 하고 과부는 칠하지 않거나 검은 빈디를 붙였다. 현재는 종교, 나이, 결혼여부 그리고 인봉에 제한 없이 두루 퍼져 있다. 아프리카 부족 등 사이에서 행해지는 문신, 코걸이 등의 장신구도 신분을 표시하거나 각 종족들 간의 구분을 위한 표시이다.

5. 위장설

인간은 다른 동물에 비해 힘이 약할뿐 아니라 자연적인 보호수단을 가지지 못했고 이를 보완하기 위한 위장을 하며 시작되었다는 설이다. 새의 깃털이나 부리, 짐승의 뿔, 식물성 색소들을 이용하여 얼굴이나 신체를 위장함으로서 적의 위험으로부터 보호하고 전쟁 또는 사냥에서 승리로 이끌고자 메이크업을 하였다.

이처럼 17세기 이전의 화장은 현대개념의 화장인 순수한 아름다움을 추구하는 행위였기보다는 종교의식에 필요한 수단이나 치료 또는 사체 보존 등의 수단이었다.

화장은 종교· 의학·약학·과학 따위와 혼합되어 있고 주술의 수단 또는 종교의 목적에 의해 생각되다가 17세기에 이르러서야 변모하기 시작하여 19세기에 독립적인 화장으로서의 개념으로 사용되었다고 할 수 있다.

memo

C/H/A/P/T/E/R 06

메이크업의 동기 및 필요성

현대에 이르러서 메이크업의 의미는 단순히 얼굴 위주의 화장과 치장의 개념을 벗어나 자신의 개성을 표현하는 수단으로 사용되고 있다. 개인의 자유로운 미의식의 표출이 메이크업의 가장 큰 동기라 할 수 있으며 다양화, 개성화되면서 새로움을 재창조해내는 전문분야로서 자리매김하고 있다.

우리는 알게 모르게 외모를 통해 사람의 성향을 추측하고 분석한다. 외모관리는 '자기존중의 시작'이라고 할 수 있다. 이에 메이크업은 내적인 측면과 외적인 측면에서 필요하다고 할 수 있다. 오늘날의 현대인에게 외모란 자신을 표현할 수 있는 가장 중요한 요소임과 동시에 타인에게 사회 · 경제적 특성을 포함한 중요한 외적 정보로 인식된다.

SNS, 유튜브, 뷰티 프로그램 새로운 매체에서 메이크업은 인기 있는 분야로 자리매김을 하고 있으며 뷰티 인플루언서라는 새로운 직업군도 등장하고 있다.

메이크업을 함으로써 자신이 타인에게 '이렇게 인식되고 싶다'라는 기대를 가질 수 있으며 이것은 개인에 따라 타인의 부정적인 평가에 대한 우려를 낳을 수도 있지만 메이크업을 하는 그 행동 자체로서 만족감과 자신감을 얻을 수 있다. 또한 이런 행동 자체로서 대인 관계의 원활함을 도모한다.

메이크업은 심리적으로 일종의 정화기능인 자기 충실감 효과를 주며 대인 관계에 촉매제 역할로 작용할 뿐 아니라 삶의 만족도 상승에 기여한다고 볼 수 있다.

메이크업 행동의 사회·심리적 기대효과의 연구는 다양하며 현재까지 현재 진행형에 있다. 자기만족 지향과 자의식의 높은 집단은 화장의 사회· 심리적 기대효과가 높음은 물론 화장행동은 자의식과 함께 사회 심리적 기대효과에 영향을 미친다. 이에 화장의 필요성을 내적인 측면과 외적인 측면으로 볼 수 있다.

1. 메이크업의 내적 필요성

1) 미적욕구 충족 및 즐거움

메이크업을 하면서 자신의 이미지를 원하는 방향으로 구축하고 자신의 매력도를 높이면서 얻어지는 심리적 효과로 , 자기 자신을 위해서 시간을 투자하고 꾸미면서 심리적 안락감과 기쁨을 느끼며 얼굴을 만지며 꾸미는 그 자체로 기분이 좋아지며 정감을 준다.

2) 자존감 충족

메이크업으로 외모를 아름답게 하고 자신의 개성을 표현함으로써 타인으로부터의 평가를 높이고 단정하고 아름다워진 자신이 공동체에서 비추어지는 모습에 만족하며 심리적인 안정감과 만족감을 줄 수 있다.

3) 자신감 충족

메이크업으로 변화된 자신의 모습에 다른 사람으로부터 호감을 받게 되고 스스로에 대한 만족감과 자아존중감과 가치감을 갖게 된다. 이는 대인관계에서의 적극성을 끌어낼 수 있고 적극적인 사회생활 업무수행을 가능하게 한다.

2. 메이크업의 외적 필요성

1) 이미지 개선 효과

메이크업은 자신의 이미지를 변화 시켜 자기 평가 및 이상적인 자아상을 구현하는 수단으로 사용된다. 이미지 또한 하나의 능력으로 평가되는 시대에서 보다 나은 이미지를 통해 사회적 자기 효능감을 높이는 수단으로 사용된다.

2) 이미지 확립 및 사회적 효과

타인에게 보여주는 것에 중점을 두게 되는 현대사회의 특성 하에 자기개선의 실현 및 자신의 이미지를 메이크업을 통해 확립하고 타인과의 관계에 사회적인 효과를 불러일으킨다. 무언의 의사 전달의 역할을 하며 사회적 관습이나 예의의 표현이다.

이처럼 메이크업은 사람들의 일반화 된 시작 그 이상으로 사회적 조화와 개인 간을 연결 시켜주고 있으며 메이크업을 통해서 자신의 외적인 매력을 높이는 것과 방향성을 가지는 것 또 내적인 자신감을 갖는다는 것은 아주 긍정적인 수단이라고 할 수 있겠다.

memo

P/A/R/T

3

메이크업 기초 실기

C/H/A/P/T/E/R 01

얼굴의 프로포션

미인의 기본조건은 균형 있는 얼굴형이다. 얼굴의 각 부분들 간의 이상적인 비율을 얼굴의 균형도라고 하는데 얼굴의 균형도를 정확히 파악하고 얼굴의 장점을 살리며 결점은 자연스럽게 보완해 주는 게 중요하다.

1. 가로분할(3등분)

① 1등분

헤어라인 ~ 눈썹라인

② 2등분

눈썹라인 ~ 코끝

③ 3등분

코끝 ~ 턱선

2. 세로분할(5등분)

① 1등분

오른쪽 헤어라인 ~ 오른쪽 눈꼬리

② 2등분

오른쪽 눈꼬리 ~ 오른쪽 눈머리

③ 3등분

오른쪽 눈머리 ~ 왼쪽 눈머리

④ 4등분

왼쪽 눈머리 ~ 왼쪽 눈꼬리

⑤ 5등분

왼쪽 눈꼬리 ~ 왼쪽 헤어라인

3. 세부적인 위치

① 눈썹위치

이상적인 눈썹의 위치는 이마에서 1/3 되는 지점에 위치한다.

② 눈썹길이

눈앞머리에서 수직으로 연결된 곳에서 눈썹 앞머리가 시작하며 45도 각도로 콧방울에서 눈꼬리를 지난 연장선과 만나는 지점에 위치한다.

③ 눈머리

콧방울에서 일직선으로 올렸을 때 만나는 점에 위치한다.

④ 눈과 눈 사이의 길이

눈의 길이와 같다.

⑤ 콧방울의 위치

이마에서 2/3되는 지점에 위치한다.

⑥ 콧방울의 넓이

입술넓이의 1/2 정도의 크기가 적당하다.

⑦ 입술

아랫입술선이 콧방울과 턱의 1/2가 되는 지점에 위치한다. 윗입술과 아랫입술의 비율이 1 : 1.5 인 경우가 이상적이다.

C/H/A/P/T/E/R 02

얼굴의 부위별 명칭

얼굴의 부위에 따라 피부의 특징이 다르고 그 부위에 따라 제품을 바르는 방법도 다르다.

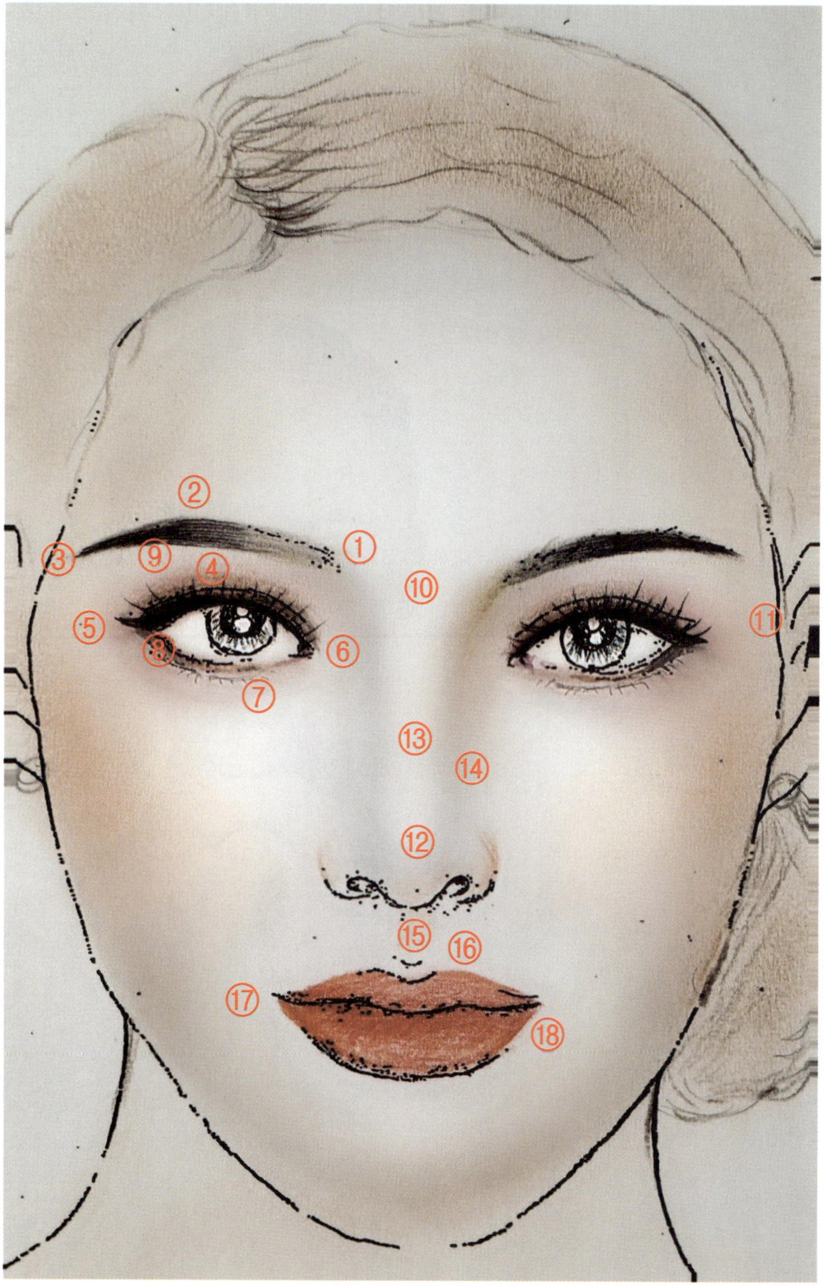
①
②
③
④
⑤
⑥
⑦
⑧
⑨
⑩
⑪
⑫
⑬
⑭
⑮
⑯
⑰
⑱

번호	명칭	내용
①	눈썹 앞머리	눈썹의 시작점
②	눈썹산	눈썹에서 가장 높은 위치
③	눈썹꼬리	눈썹의 가장 바깥 끝부분
④	눈두덩이	눈 언저리에 두둑한 곳
⑤	눈꼬리	눈의 바깥부분
⑥	눈앞머리	눈의 시작점
⑦	애굣살	눈 밑에 도드라진 도톰한 살
⑧	눈 언더라인	눈 아래의 점막 부분
⑨	아이홀	눈두덩이의 움푹 들어간 곳
⑩	미간	좌우의 양 눈썹사이
⑪	관자놀이	귀와 눈 사이에 있는 움푹 들어간 곳
⑫	콧방울	코 끝 양쪽으로 둥글게 방울처럼 내민 부분
⑬	콧등	코의 등성이
⑭	코벽	콧대의 양면
⑮	인중	코에서 입술로 이어지는 세로골
⑯	입술산	입술의 가장 높은 부분
⑰	입꼬리	입의 양쪽 구석
⑱	구각	윗입술과 아랫입술이 만나는 연결부분

C/H/A/P/T/E/R 03

메이크업의 기본도구의 종류와 기능

1) 스펀지

- 메이크업 베이스, 파운데이션, 선크림을 고르게 밀착되도록 펴 바를 때 사용하는 도구이다.
- 화장품이 고르게 스며들 수 있게 도와주므로 장시간 화장이 지속된다.

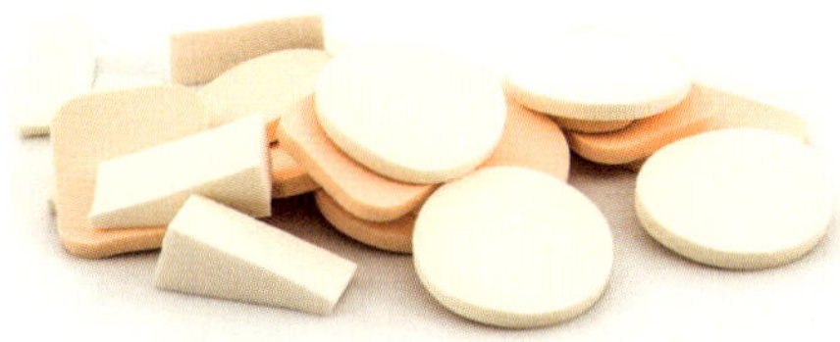

2) 분첩

- 파우더를 펴 바를 때 사용하는 도구이다.
- 유분기를 제거하며 메이크업 시 얼굴에 손 자국이 남지 않도록 지지대 역할을 해준다.

3) 눈썹칼

눈썹을 수정할 때와 주변 정리를 위해 사용한다.

4) 눈썹용 핀셋

눈썹을 수정할 때 잔털을 뽑거나 인조 속눈썹을 붙일 때 사용하는 도구이다.

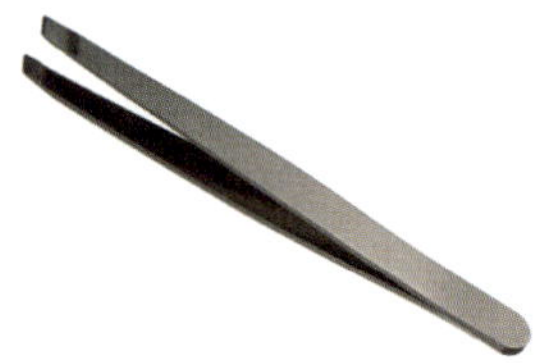

5) 눈썹가위

눈썹을 수정 할 때나 자를 때 사용하고 인조 속눈썹을 눈 길이에 맞게 자를 때 사용 하는 도구이다.

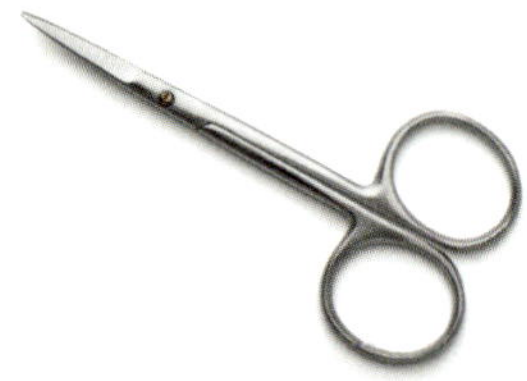

6) 면봉

눈 화장이 번졌거나 메이크업을 수정할 때 쓰는 필수도구 중 하나이며 이물질을 제거하기도 한다.

7) 화장솜

메이크업을 지울 때나 스킨을 바를 때 사용하며 손 소독 및 이물질이 묻었을 경우에 주로 사용한다.

8) 아이래시 컬러

속눈썹을 올려줄 때 사용하는 도구로 마스카라 화장 효과를 높여주며 눈매를 선명하게 보이도록 한다.

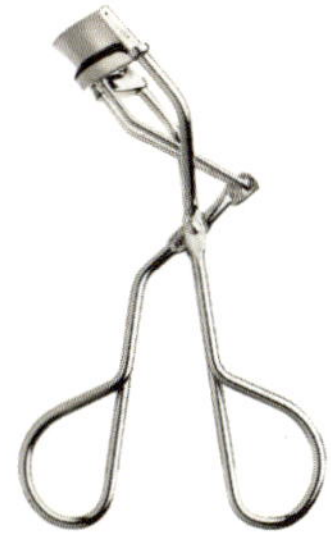

9) 인조속눈썹

자신의 속눈썹 위에 붙여서 풍성해 보이도록 하는 방법이다. 눈 길이에 맞춰 잘라서 사용한다.

10) 스파츌러

메이크업 제품을 덜어내기 위해 사용하거나 제품의 색을 혼합할 때 사용한다.

11) 팔레트

메이크업 제품을 덜어 쓰거나 혼합하기 위한 판의 형태의 도구이며 손등에 덜어 쓰는 것보다 위생적이다.

12) 브러시

메이크업 시 사용되는 도구이며 브러시의 사이즈에 맞게 다양하게 활용할 수 있다.

(1) 스크루 브러시

눈썹 결을 살리며 눈썹 숱을 깔끔하고 뚜렷한 윤곽으로 정돈해 주는 브러시이다. 뭉친 눈썹이나 마스카라를 바른 후 뭉친 속눈썹을 빗어 정리해준다.

(2) 아이브로 브러시

자연스럽고 입체적인 눈썹을 만들어 주는 브러시로 잘 정돈되고 윤곽 잡힌 눈썹 연출을 위한 용도이다.
윤곽을 잡아주기 쉽고 빈곳을 채우기 편하게 사선 모양으로 경사가 져있는 디자인이다. 탄력감이 느껴지는 힘 있는 브러시가 좋다.

(3) 아이브로 콤

속눈썹을 가지런히 빗어주거나 마스카라가 뭉쳤을 때 빗어 자연스럽게 해준다. 또한 눈썹의 길이를 확인하고 수정할 때 사용한다.

(4) 아이섀도 브러시

눈가에 컬러감을 줄 수 있는 브러시로 아이섀도 컬러를 블렌딩 해주거나 컬러의 경계감을 없애줄 때 사용한다.

(5) 파운데이션 브러시

파운데이션을 세밀하게 펴 바르고 하이라이트 및 페이스 윤곽 강조를 위한 브러시로 끝부분이 납작하게 되어 있다.

파운데이션을 바를 때 브러시를 사용하면 소량으로도 균일하게 커버 가능하다.

파운데이션 브러시를 선택할 때에는 탄력과 유연성이 좋을수록 매끄럽고 얇게 바를 수 있다. 사용 후 세척에 더욱 신경 써줘야 한다.

사용방법

- 브러시의 납작한 면에 충분한 양의 파운데이션을 묻힌 다음 얼굴에 바릅니다.
- 코와 입 주위부터 시작하여 필요한 경우 얼굴 전체에 펴 바릅니다.

스크루 브러시　아이브로 브러시　아이브로 콤　아이섀도 브러시　스크루 브러시

(6) 치크브러시

파우더 브러시보다 작은 둥근 중간 사이즈의 브러시이다. 자연스럽고 생기 있어 보이는 혈색을 표현해 주는 브러시로 합성모보다는 부드러운 천연모로 만들어진 것이 좋다.

사용방법

- 브러시에 제품을 살짝 묻힌 다음 여분을 가볍게 털어냅니다.
- 뺨의 볼록한 부위에 바른 후 헤어라인을 위쪽과 아래쪽으로 쓸어 주어 경계가 생기지 않도록 색상을 잘 섞어 줍니다.
- 최대한 광대뼈의 가장 윗부분에 색상을 잘 바르도록 합니다.

(7) 파우더브러시

파우더를 얼굴전체에 덧바를 때와 여분의 파우더를 정리할 때 사용한다. 끝이 둥글며 부드럽고 고르며 결점 없이 마무리 해주는 메이크업 브러시 중 가장 큰 사이즈의 브러시이다. 풍성한 모가 좋으며 피부자극이 없는 천연 모 제품을 선택하는 것이 좋다. 또한 파운데이션을 바른 후 유분감을 잡아주기 위해서도 사용할 수 있다.

사용방법

- 파우더 브러시에 파우더를 묻힌 후 가볍게 두드려서 여분을 털어냅니다.
- 얼굴에 파우더가 필요한 부분에 파우더를 쓸어주듯이 바릅니다.

[Tip] 파우더 퍼프로 바른 다음 얼굴에 남아 있는 파우더의 여분을 제거할 때 이 브러시를 사용하면 됩니다.

(8) 팬브러시

넓게 펼친 풍성한 부채꼴 모양으로 이루어져 있고 여분의 가루분을 떨어낼 때 사용하는 납작하고 가느다란 브러시이다. 얼굴 전체를 쓸어줘야 하기 때문에 천연 모 제품의 브러시를 선택하는 것이 좋다.

(9) 팁브러시

발색력과 밀착력이 좋으며 아이섀도 색을 선명하게 표현할 때 사용한다. 일반 아이섀도 브러시에 비해 블렌딩이나 그라데이션은 취약하지만 색감을 잘 표현해 준다. 펄 제품을 바를 때 유용하다.

치크브러시 파우더브러시 팬브러시 팁브러시

(10) 아이라이너 브러시

브러시 중 가장 얇은 브러시이다. 속눈썹을 따라 아이라인을 그리는 데 사용하며 솔이 가늘고 섬세한 아이라인 연출을 위해서는 탄력이 있는 브러시가 좋다.

(11) 립 브러시

짧고 뻣뻣한 털이 달린 브러시로 메이크업의 마지막 단계로 립을 바를 때 사용한다.

매우 정교하며 입술 라인을 그리고, 선 안쪽에 립스틱을 바를 때 사용한다.

브러시 세척 방법

- 얼굴에 직접 닿기 때문에 제대로 된 방법으로 세척해주는 것이 중요하다.
- 미지근한 물에 브러시 클렌저 또는 중성세제를 이용해 브러시를 담가 거품을 만든 다음 브러시로 가볍게 원을 그리면서 잔여물을 제거해주면 된다.
- 충분히 헹군 다음 티슈나 타월로 눌러 물기를 제거한 후 브러시 모가 밑으로 향하도록 세우거나 눕혀서 그늘진 곳에서 건조한 후 사용한다.

아이라이너 브러시　　립 브러시

memo

C/H/A/P/T/E/R 04

메이크업 제품의 종류와 기능

1. 메이크업베이스

메이크업 베이스는 피부화장의 첫 단계에서 피부 톤을 균일하게 맞추어 밝게 보정해주는 제품이며 파운데이션의 밀착력과 지속력을 높여주는 역할을 한다. 소량씩 얇게 발라 밀리지 않게 해주어야 효과적이다.

1) 기능

① 색조화장이나 파운데이션으로부터 피부를 보호해주며 색소의 착색을 막아준다.

② 파운데이션의 퍼짐성과 밀착력을 높여주므로 지속력을 높여준다.

③ 자외선으로부터 피부를 보호 해준다.

④ 베이스를 사용하므로 파운데이션의 사용량을 줄일 수 있고 깔끔한 피부 표현이 가능하다.

2) 색에 따른 효과

색상	효과
그린	홍조의 붉은 피부를 완화하고 여드름자국이나 잡티가 많은 피부에 적합하다.
바이올렛	노랗고 칙칙한 동양인 피부에 많이 사용하며 피부톤을 밝고 화사하게 보정한다.
핑크	혈색이 없고 핏기가 없는 피부에 적합하며 창백한 피부를 화사하게 표현
오렌지	건강한 피부표현을 하고 싶을 때 적합하다. (선탠 피부에 사용)
흰색	얼굴 톤을 한톤 밝게 하여 칙칙함을 개선하며 투명한 피부를 표현한다.

2. 프라이머

1) 기능

① 모공 및 요철을 커버해주고 매끈하고 고른 피부 톤과 결 보정을 해준다.
② 피지분비를 막아 번들거림을 막아주어 뽀송한 피부로 연출해준다.
③ 메이크업의 지속력을 높여주는 제품이다.

2) 종류

색상	효과
실리콘 타입	지성피부에게 적합하며, 유분이 많아 지저분하게 끼고 무너지는 곳에 사용하면, 지속력이 높아지고 결도 매끄럽게 정돈된다. 건조해질 수 있으니 적당량 사용할 것
젤타입	건성피부에 적합하며 부드러운 발림으로 화사하고 촉촉하게 수분공급을 해준다.
로션타입	모든 피부에 적합하며 자외선 차단기능이 있다.
아이프라이머	눈 전용으로 눈가의 잔주름과 유분을 잡아주어 섀도 발색과 밀착성과 지속력을 주며 착색방지도 도와준다.

3. 컨실러

1) 기능

① 다크서클이나 잡티와 결점을 자연스럽게 커버하는 데 사용한다.
② 추가적인 커버를 위해 사용한다.
③ 컨실러를 사용하면 파운데이션 소량 쓸 수 있어 자연스러운 베이스 메이크업이 가능하다.
④ 피부 톤보다 1~2톤 밝은 것을 사용하는 것이 좋다.

2) 종류

색상	효과
리퀴드 타입	수분함량이 많으므로 자연스럽게 피부표현이 가능하다.
크림타입	퍼짐성이 유연해서 건성피부에 적합하며 눈 밑의 다크서클에 넓게 펴 바르기 좋다.
스틱타입	여드름이나 뾰루지가 난 곳에는 붓이나 스틱 형태가 적합하다.
펜슬타입	커버력이 우수하여 결점을 커버하고자 할 때 사용한다.

4. 파운데이션

1) 기능

① 자외선이나 외부자극으로부터 피부를 보호한다.
② 피부 톤을 조절하여 아름다운 피부표현을 해준다.
③ 얼굴의 윤곽을 수정하여 입체감을 부여하고 색조메이크업을 돋보이게 한다.
④ 피부의 결점을 감추고 피부결을 매끄럽게 한다.

2) 종류

색상	효과
리퀴드 파운데이션	수분함량이 많아 곱고 매끈하게 피부 톤을 정돈하며 자연스러운 피부표현을 하기에 적합하다. 밝은 피부표현을 하면서 메이크업이 지속되도록 돕는다.
크림 파운데이션	유분함량이 많아 건성피부에 적합하다. 커버력이 높아 잡티가 많은 피부나 노화피부에 좋다.
스틱 파운데이션	커버력이 우수하고 지속력이 좋으며 분장이나 촬영 등 전문가용으로 많이 사용된다.
파우더 파운데이션	파우더를 압축시킨 파운데이션으로 휴대가 간편하며 빠른 메이크업을 할 수 있다.
투웨이 케이크	파우더과 파운데이션의 두 가지 효과로 커버력이 우수하며 빠른 메이크업을 할 수 있다.

3) 파운데이션의 기본 컬러(3가지)

색상	효과
베이스 컬러	피부색과 동일하거나 한톤 밝은 컬러를 선택하여 얼굴의 외곽부위를 뺀 나머지 전체에 발라준다.
하이라이트 컬러	얼굴의 광채와 입체감을 부여한다. 베이스 컬러보다 1 ~ 2톤 밝은 칼라를 이용해 바른다. T존, Y존, C존, U존에 사용하여 전진, 팽창되어 보이는 효과를 준다.
셰이딩 컬러	베이스 컬러보다 1 ~ 2톤 어두운 칼라를 이용해 바른다. 어두워 보이며좁아보이게 하고 싶은 부위에 사용하여 후퇴, 수축되어 보이는 효과를 준다.

5. 파우더

1) 기능

① 파운데이션 후 유분을 제거해주며 지속력을 높여주기 위해 메이크업의 마무리 단계에 사용한다.
② 자외선과 외부의 유해환경으로부터 피부를 보호한다.

2) 종류

색상	효과
루즈 파우더	미세한 입자의 가루형태이며 자연스럽고 화사한 피부를 연출해준다.
셰이딩 컬러	루즈 파우더를 고체형태로 압축시킨 것으로 지성피부에 적합하며 휴대가 간편하다.

3) 색상과 효과

색상	효과
투명 파우더	자연스러운 피부표현을 해준다.
그린 파우더	붉은 기를 완화시켜준다.
퍼플 파우더	노랗고 칙칙한 피부를 화사하게 해준다.
핑크 파우더	화사한 느낌을 주며 혈색을 좋게 한다.
오렌지 파우더	건강한 혈색을 주며 까무잡잡한 피부나 선탠피부에 적합하다.

6. 아이브로

1) 기능

① 얼굴의 인상을 좌우한다.
② 얼굴의 이미지나 표정을 바꿀 수 있다.

2) 종류

색상	효과
펜슬타입	숱이 적은 사람들에게 적합하며 정확한 모양의 눈썹을 그릴 때 사용한다. 정교하고 선명하게 그릴 수 있지만 인위적인 느낌이 들 수 있다.
케이크타입	자연스러운 표현이 가능하며 눈썹 숱이 많은 사람들이 면을 메우기 적합하다.

3) 색상별 분류

색상	효과
브라운	여성스러우며 세련되고 부드러운 느낌을 준다.
그레이	차분하면서 침착한 느낌을 주나 나이 들어 보일 수 있다.

7. 아이섀도

1) 기능

① 눈두덩이에 음영을 만들어 입체감을 준다.

② 눈의 단점을 보완해준다.

2) 종류

색상	효과
케이크 타입	밀착력과 발림성이 좋아 일반적으로 가장 많이 사용하며 휴대와 사용이 편리하다.
크림 타입	밀착감이 좋아 부드럽고 매끈하게 잘 발리며 지속력이 좋으나 뭉치기 쉽다.
파우더 타입	펄 타입이 많으며 광택효과에 사용하며 하이라이트용으로 많이 사용된다.
펜슬타입	빠른 화장을 할 때 편리하며 휴대가 간편하나 뭉치기 쉽다.

3) 아이섀도 컬러와 이미지

색상	효과
핑크계열	흰 피부에 잘 어울리며 어려보이는 느낌을 준다.
오렌지계열	노르스름하면서 까무잡잡한 피부에 잘 어울리며 따뜻하고 경쾌한 느낌을 준다.
브라운계열	어느 피부에나 잘 어울리며 자연스러우면서 차분한 느낌을 준다.
블루계열	눈을 또렷해보이게 하며 시원한 느낌을 주어 여름에 많이 사용하는 컬러이다.
그레이계열	흰 피부에 잘 어울리며 세련되고 시크한 느낌을 준다.
바이올렛계열	흰 피부에 잘 어울리며 우아하고 성숙함, 고급스러움을 준다.

8. 아이라이너

1) 기능

① 눈의 윤곽을 선명하고 또렷하게 연출한다.
② 속눈썹 사이를 메워주며 라인을 그려서 눈이 또렷하고 커보이게 한다.
③ 눈의 단점을 보완해준다.

2) 종류

색상	효과
펜슬타입	휴대가 편하고 자연스럽게 잘 그려져 초보자들이 쉽게 사용이 가능하나 지속력이 떨어져 잘 번진다,
리퀴드타입	그리기 어렵고 양 조절이 어려우나 방수성이 강해 번짐을 방지 할 수 있다.섬세한 라인을 표현하기 좋다.
젤타입	브러시를 이용하며 부드럽게 그리며 발림성이 좋으나 번지기 쉬우므로 아이섀도를 덧발라주는 것이 좋다,

3) 색상별 분류

색상	효과
브라운	강한 눈을 부드러운 눈매로 연출한다.
그레이	차분하면서 세련된 느낌을 주나 나이 들어 보일 수 있다.
검정	가장 대중적이며 또렷한 눈매를 연출하기 좋다.

9. 마스카라

1) 기능

① 길고 풍성한 속눈썹을 연출할 수 있다.
② 볼륨 있는 속눈썹을 연출한다.
③ 눈이 커 보이며 속눈썹이 길어 보이게 한다.

2) 종류

색상	효과
볼륨 마스카라	대중적이며 속눈썹이 또렷하고 풍성해 보인다.
롱래시 마스카라	섬유질이 함유되어있어 속눈썹이 길어보이게 하며 짧고 쳐진 속눈썹에 효과적이다.
투명 마스카라	투명하며 컬링효과가 있으며 자연스럽게 사용할 수 있다.
워터푸르프 마스카라	물이나 땀에 지워지지 않아 여름철 많이 사용된다. 지울 때는 아이 리무버를 사용하도록 한다.
픽서 마스카라	속눈썹의 고정과 유지력을 높여주는 효과가 있다.

10. 인조속눈썹

1) 기능

① 깊이 있는 눈매를 만들고 풍성해보이게 한다.

② 눈매의 단점을 보완해준다.

③ 눈이 커 보이며 그윽한 눈매를 연출할 수 있다.

2) 종류

색상	효과
분할 속눈썹	한올 한올 나뉘어 있어 빈부분만 자연스럽게 붙일 수 있다. 가벼운 장점이 있지만 시간이 많이 소요된다.
통속눈썹	하나로 연결이 되어 있어서 사용하기 간편하며 단시간에 풍성한 속눈썹을 만들 수 있다.

11. 립

1) 기능

① 자외선과 외부자극으로 입술을 보호하여 영양을 공급한다.
② 입술에 형태를 수정, 보완하여 입체감을 준다.
③ 입술에 윤곽과 색감을 살려주어 아름답게 표현하며 다양한 이미지를 연출할 수 있다.

2) 종류

색상	효과
립스틱	가장 일반적으로 많이 쓰이고 사용이 편리하며 색감과 질감이 다양하다.
립글로스	입술에 윤기를 주며 보호해준다. 자연스러운 표현이 가능하다.
립크림	입술을 보호해준다.
립라이너	입술 수정 시 사용하며 선명한 입술의 윤곽을 표현할 수 있다.

12. 블러셔

1) 기능

① 얼굴에 음영감을 주어 입체감을 부여한다.
② 얼굴에 생기를 주며 건강해보이도록 한다.
③ 바르는 위치에 따라 평면적인 얼굴을 입체적으로 수정할 수 있다.

2) 종류

색상	효과
케이크타입	일반적으로 많이 사용되는 타입으로 자연스럽고 편리하다. 분말을 압축한 형태로 브러시를 이용해 바른다. 파우더 후에 사용한다.
크림타입	발색과 발림성이 좋으며 스펀지나 손을 이용해 바른다. 파운데이션 후 파우더 하기 전에 사용한다.

C/H/A/P/T/E/R

05

베이스 메이크업 테크닉

1. 메이크업베이스 바르는 방법

기초화장품을 바른 후 파운데이션 전 단계에 발라준다. 너무 많은 양을 사용하면 파운데이션이 밀리므로 적당량을 사용하여 면적이 넓은 볼, 이마를 시작으로 넓은 부위에서 좁은 부위로 펴 바르며 피부 톤을 보정한다. 단 페이스라인 주변은 소량 얇게 펴 바르는 것이 좋다.

2. 파운데이션 바르는 방법

① 소량으로 시작한다. 손등이나 팔레트 등에 파운데이션을 적당량을 덜어 낸 다음 소량씩 이마, 양 볼에 찍어 바른다.

② 파운데이션을 안쪽에서 바깥으로 펴 바른다. 피부 결을 따라 브러시. 스펀지 등을 이용하여 얼굴 중앙에서 시작하여 얼굴 외곽 쪽으로 펴 바른다. 파운데이션을 바른 곳이 경계가 생기지 않게 매끈하게 바른다. 퍼프 모서리를 이용하면 콧방울 주변까지 꼼꼼하게 바를 수 있다.

③ 결점을 가린다. 파운데이션을 바른 후 컨실러를 이용해 여드름자국이나 결점에 발라 가린다. 스펀지나 브러시로 가볍게 두드려 경계가지지 않게 펴 바른다.

④ 밀착감 높이기

파운데이션을 잘 밀착시키기 위해 잘 두드려 준다.

3. 파운데이션을 바르는 도구의 종류

색상	효과
스펀지	초보자들이 사용하기 좋으며 가장 많이 쓰이는 도구이다. 파운데이션을 골고루 펴 바르기에 두드림에 따라 밀착력이 좋아지며 얇고 균일하게 잘 발린다. 커버력 있는 표현도 가능하다.
브러시	파운데이션이 윤기 있게 연출되며 균일하고 매끄럽게 발리므로 밀착이 잘되어 지속력이 좋아진다. 대신 붓의 결이 남을 수 있으니 유의해야 하며 스펀지로 결 자국을 없애줄 수 있다. 사용 후 깨끗이 세척해야 청결히 잘 사용할 수 있다.
손	손의 열감으로 인해 순간적으로 파운데이션이 더 잘 펴지는 발림성이 있고 다른 도구를 준비할 필요가 없다는 장점이 있다. 대신 밀착력이 떨어지며 콧방울 옆 등 섬세하게 바르기는 어렵다.

4. 얼굴형에 맞는 윤곽수정

얼굴형	하이라이트	셰이딩	윤곽수정 위치
계란형	T존, Y존 부위	헤어라인	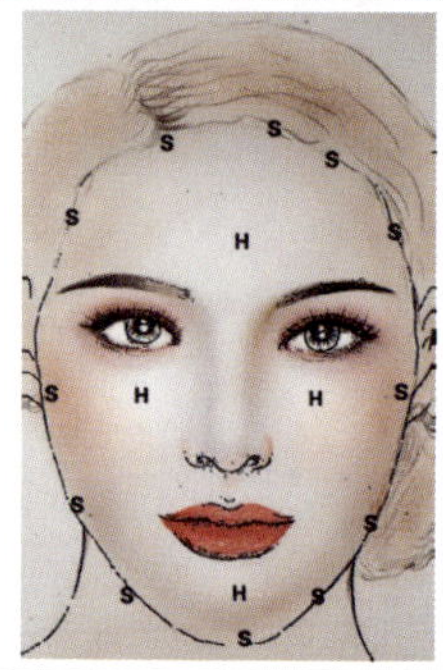
둥근형	T존 부위, 이마, 턱, 코 부분에 세로 형태로 길게 넣어준다.	양 볼의 뒷부분	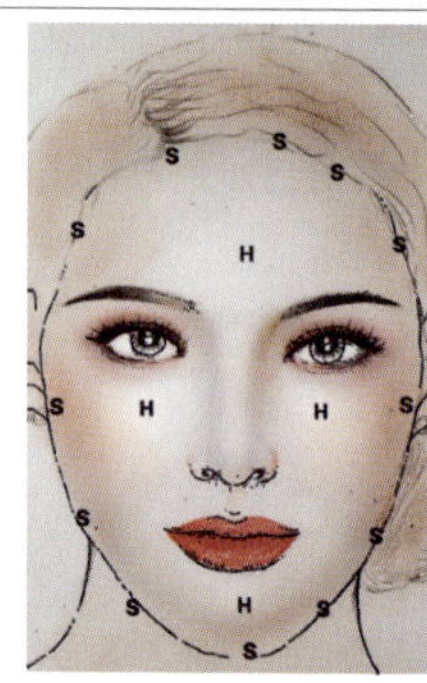
긴 형	양 볼에 가로 형태로 넣어준다.	헤어라인과 턱 끝선에 셰이딩 효과를 주어 짧아보이도록 한다.	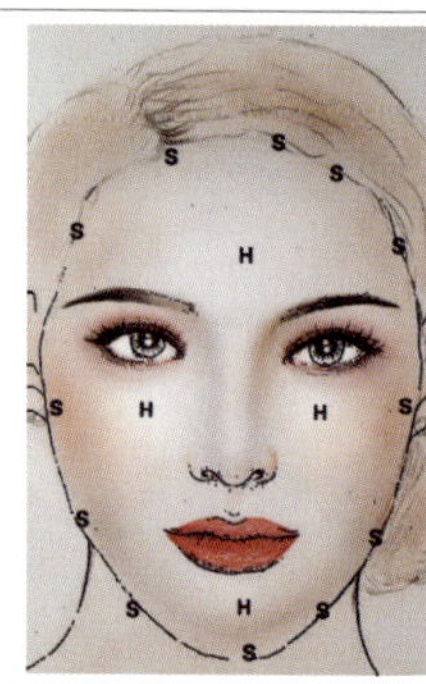

H : 하이라이트, S : 셰이딩

얼굴형	하이라이트	셰이딩	윤곽수정 위치
사각형	T존 부위에 세로 형태로 넓어주어 갸름하고 길어 보이는 효과를 준다.	이마 양 옆과 튀어나온 턱에 셰이딩을 넣어주어 넓어 보이는 얼굴의 폭을 좁혀준다.	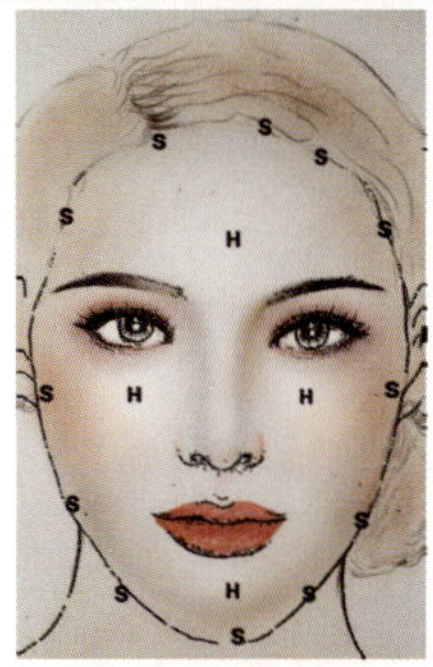
역삼각형	양쪽 볼 밑으로 하이라이트를 주어 통통해 보이는 효과를 준다.	넓은 양 쪽 이마	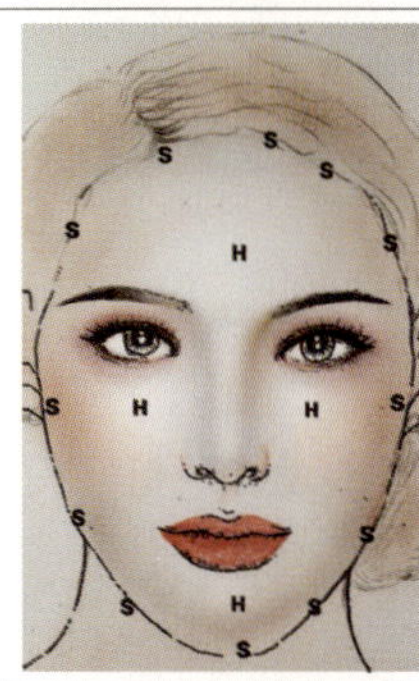
다이아몬드형	좁은 양쪽 이마와 양 볼에 넣어준다.	광대와 턱끝	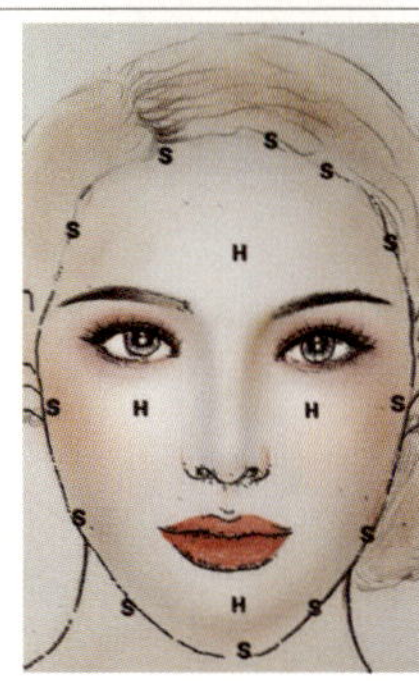

5. 파우더 바르는 방법

1) 퍼프를 이용하는 방법

① 퍼프에 파우더를 묻힌다. 다른 한 개의 퍼프를 맞대어 파우더의 양을 조절하며 가볍게 비벼준다.

② 유분감을 제거한다는 느낌으로 이마 → 티존 → 볼 방향으로 가볍게 발라준다.

③ 파우더가 많이 발린 곳은 팬 브러시로 털어낸다.

2) 브러시를 이용하는 방법

① 브러시에 파우더를 충분히 묻힌다.

② 얼굴 전체에 충분한 양의 파우더를 가볍게 스치듯 터치한다.

③ 팬 브러시를 이용해 여분의 파우더를 털어준다.

C/H/A/P/T/E/R 06

아이브로 메이크업 테크닉

1. 아이브로 수정방법

① 스크루 브러시를 이용하여 눈썹을 빗어준다.

② 얼굴형을 고려하여 원하는 아이브로 형태를 펜슬이나 아이브로 섀도로 그려준다.

③ 콤 브러시로 눈썹을 빗어주어 빠져나온 눈썹길이를 눈썹가위로 잘라준다.

④ 눈썹형태에 맞추어 눈썹 칼로 깔끔하게 정돈한다.

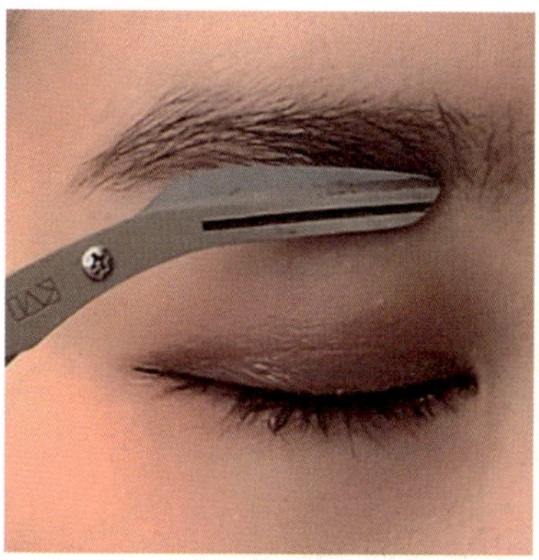

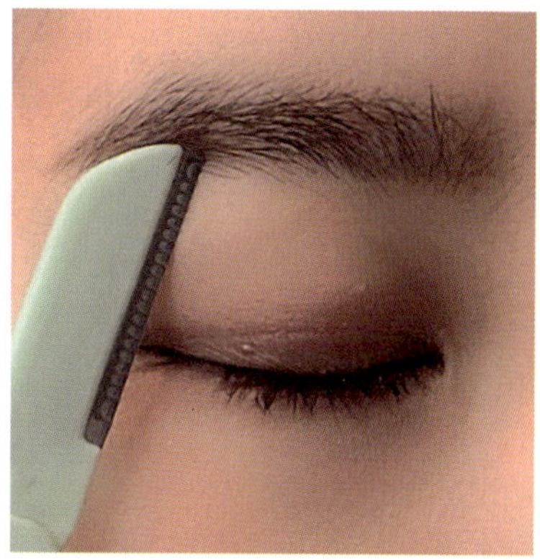

2. 아이브로 그리는 방법

① 스크루 브러시로 눈썹을 빗어 정돈한다.

② 눈썹앞머리가 시작되는 지점은 콧방울을 지나 위로 올려 일직선이 되는 지점이다.

③ 눈썹 산의 기준은 검은 눈동자 바깥쪽 윗부분이 되는 곳이며 눈썹 전체 길이 2/3지점이다. 눈썹에서 가장 높은 부분이기도 하다.

④ 눈썹꼬리는 눈썹의 길이를 결정하며 콧방울에서 45도 각도로 끝나는 지점이다. 눈썹의 길이는 눈길이보다 짧지 않게 그린다.

⑤ 눈썹의 머리와 꼬리는 일직선상에 있어야 한다.

⑥ 눈썹앞머리는 자연스럽게 꼬리로 갈수록 진하게 그라데이션한다.

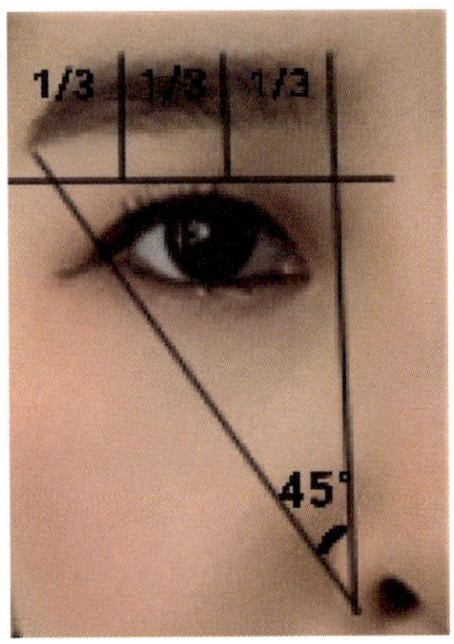

3. 아이브로의 종류와 이미지

종류	얼굴형	이미지
표준형	어느 얼굴형이나 가장 무난하게 잘 어울린다.	
일자형	긴 얼굴형에 적합하며 어려보이며 활동적인 느낌을 준다.	
각진형	둥근 얼굴형에 적합하며 지적이고 세련된 느낌을 준다.	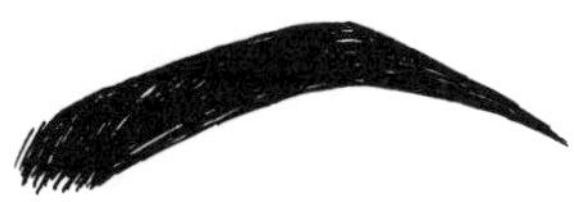
상승형	둥근 얼굴형이나 삼각형 얼굴형에 적합하며 남성적이며 경쾌한 느낌을 준다.	
아치형	여성적이고 우아한 느낌으로 역삼각형이나 넓은 이마 형에 잘 어울린다.	

C/H/A/P/T/E/R 07

아이섀도 메이크업 테크닉

1. 아이섀도 명칭

종류	기능
① 베이스컬러	눈두덩이 전체에 바르는 컬러로 가장 명도가 밝은 컬러를 선택한다.
② 메인컬러	아이메이크업의 분위기를 좌우하는 가장 주요한 컬러로 아이홀 전반에 그라데이션해준다.
③ 포인트컬러	눈매를 강조하기 위해 바르는 컬러로 강한 색감을 사용한다.
④ 언더컬러	눈 밑에 사용하며 눈 앞머리 쪽은 밝은 컬러를 눈꼬리 쪽은 어두운 컬러를 사용하여 눈길이의 3/1 정도 깨끗하게 바른다.
⑤ 하이라이트 컬러	동공 중앙이나 눈썹 뼈 위치에 사용하며 돌출되어 보이도록 밝은 색상을 사용한다.

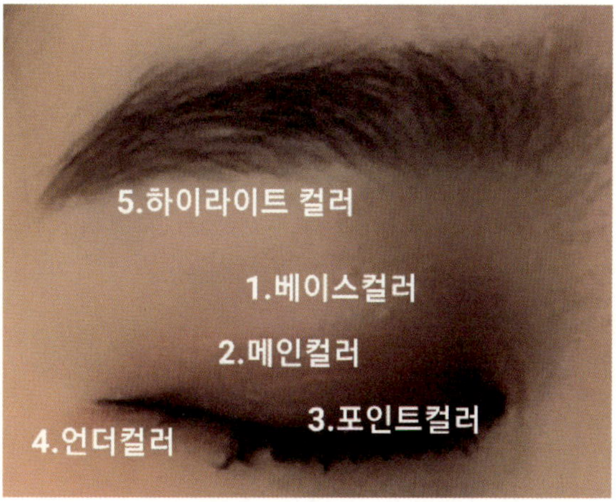

2. 아이섀도 바르는 방법

① 눈두덩이 전체에 베이스 컬러를 도포해준다.

② 중간두께의 브러시를 이용해 메인컬러의 섀도우를 눈꺼풀 중간부분까지 경계가 생기지 않도록 그라데이션하여 발라준다.

③ 포인트가 되는 컬러 섀도를 이용해 브러시를 이용해 속눈썹 라인에 그라데이션하여 발라준다.

3. 아이섀도 바르는 순서

크림색 계열의 가장 밝은 컬러를 눈두덩이 전체와 언더라인 전체에 발라준다.

중간 크기의 브러시를 이용해 메인컬러 주조색을 눈두덩이 중간과 언더라인도 발라준다.

작은 브러시를 이용해 아이라인 부분에 가로 방향으로 발라준다.

4. 눈 형태에 따른 아이섀도 방법

눈 형태	얼굴형	
작은 눈	눈길이가 길어보이도록 눈꼬리쪽에 포인트를 주어 발라준다.	
큰 눈	큰 눈을 자연스럽게 표현하기 위해 연한 컬러로 그라데이션하고 강하지 않게 표현하는 것이 좋다.	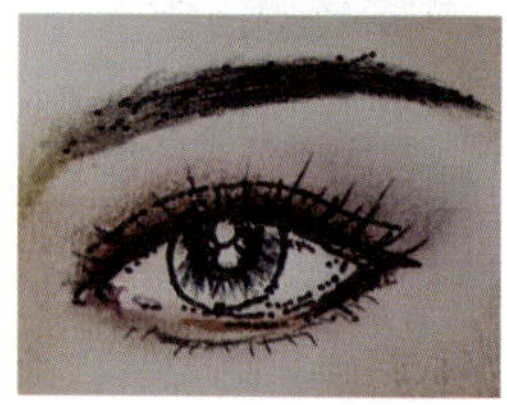
움푹 들어간 눈	펄이 있거나 밝은 색을 사용하여 눈이 나와 보이도록 해준다.	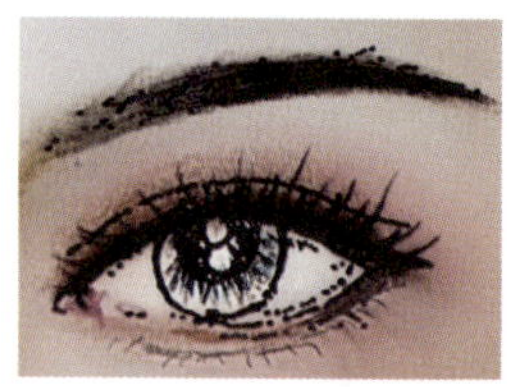
튀어나온 눈	너무 밝지 않은 색으로 베이스섀도를 발라준다. 가장 돌출된 부분에 어두운 칼라를 바른 후 눈앞머리와 눈꼬리쪽으로 연하게 그라데이션해 준다.	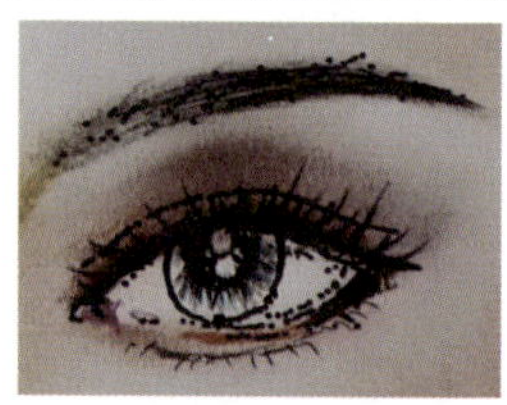
쌍꺼풀이 진한 눈	쌍꺼풀 속으로 들어가는 라인과 보여지는 라인의 그라데이션이 자연스럽게 되도록 섀도로 연결하여 그려준다.	

눈 형태	얼굴형	
쌍꺼풀이 없는 눈	눈은 정면을 응시한 후 포인트 섀도우를 사용해 쌍꺼풀 두께만큼 영역을 잡아준다. 그 후 아이홀 쪽으로 그라데이션을 넣어 또렷한 눈매를 만들어 준다.	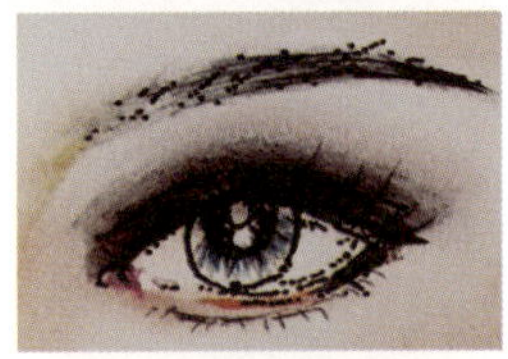
미간사이가 먼눈	눈앞머리 쪽에 포인트를 넣어준다.	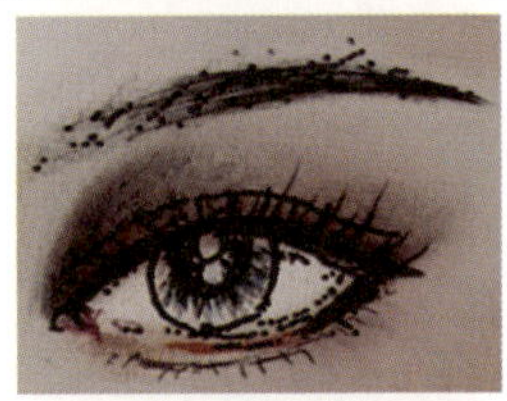
미간사이가 가까운 눈	눈꼬리 쪽에 포인트를 넣어준다.	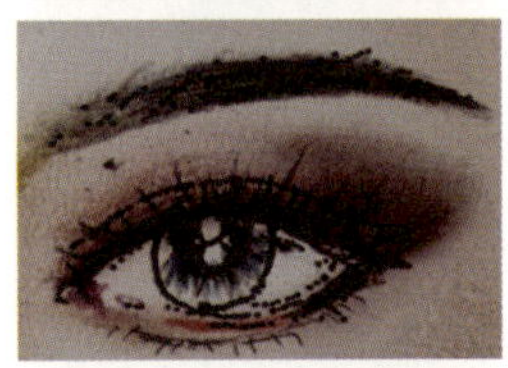
눈꼬리가 내려간 눈	부드럽고 편안한 인상을 주지만 답답한 느낌을 줄 수 있다. 눈꼬리에 섀도우를 포인트주어 살짝 올라간 형태로 잡아 주며 눈이 길어보이게 한다.	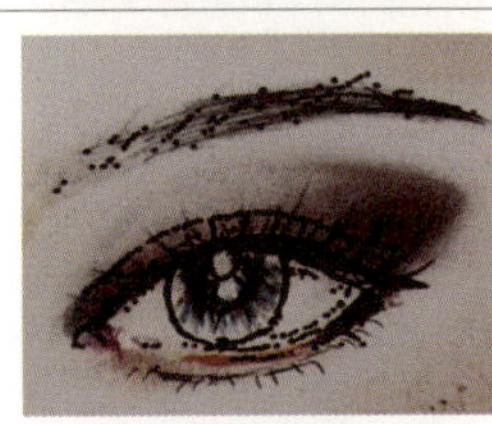
눈꼬리가 올라간 눈	시크한 매력이 있지만 날카로워 보일 수 있으므로 눈꼬리를 올려 그리면 안된다. 눈 앞머리에 포인트를 주고 뒤로 갈수록 연하게 그라데이션하며 눈 언더라인 삼각존에 음영을 넣어 포인트를 준다.	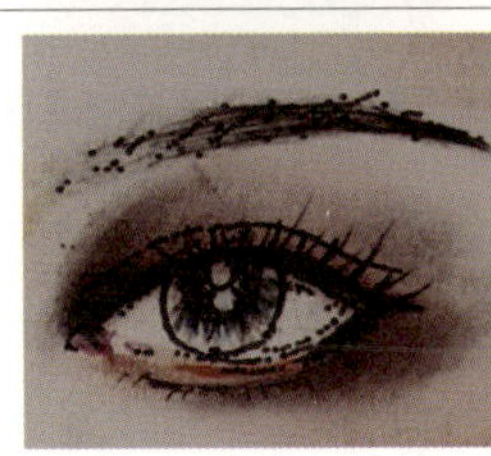

C/H/A/P/T/E/R 08

아이라인

1. 아이라인 그리는 방법

① 눈꺼풀의 위치를 확인하고 아이라인 형태를 계획한다.

② 눈을 감지 말고 눈을 아래로 내려뜬 상태에서 눈꺼풀을 살짝 당겨준 후 그려준 다.

③ 속눈썹을 메우듯이 그려서 또렷한 눈매를 만들어 준다.

④ 아이라인 꼬리의 두께와 길이는 얼굴형과 이미지에 알맞게 그려준다.

2. 눈 형태에 따른 아이라인 기법

눈 형태	아이라이너 테크닉	
작은 눈	길고 깔끔하게 그려주고 언더라인과 만나지 않도록 길게 빼준다.	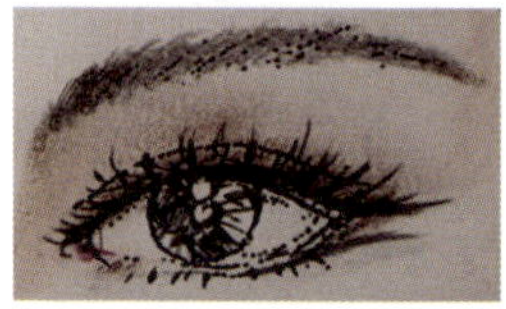
큰 눈	아이라인은 두껍지 않게 그리고 눈 앞머리와 꼬리 부분 위주로 그려준다.	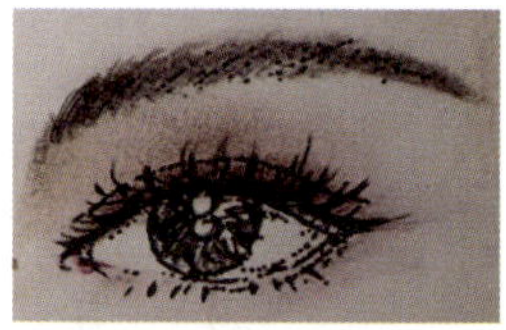
쌍꺼풀이 진한 눈	눈매를 따라 자연스럽게 그린다. 너무 두꺼우면 눈이 작아 보이고 너무 가늘면 또렷해 보이지 않으므로 쌍꺼풀 라인의 1/2 이하로 그려준다.	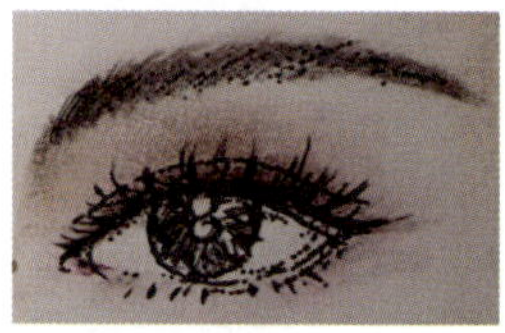
쌍꺼풀이 없는 눈	눈은 정면을 응시한 후 라인을 그릴 위치에 점으로 영역을 잡아준다. 그 후 점을 연결한 라인을 따라 그려준다.	

눈 형태	아이라이너 테크닉	
미간사이가 먼눈	눈 앞머리쪽에 채워서 시선을 집중시켜 포인트를 넣어 그려준다.	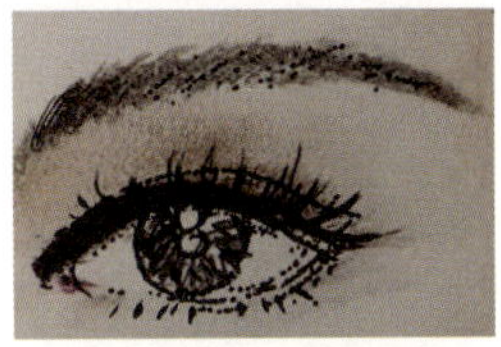
미간사이가 가까운 눈	눈 꼬리쪽에 포인트를 넣어 조금 길게 그려준다.	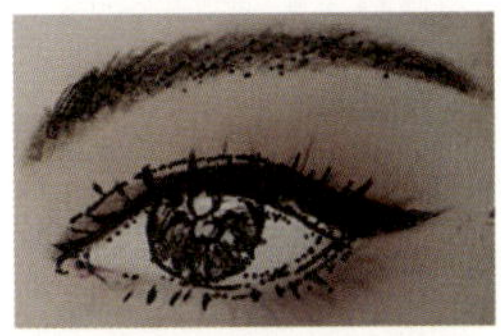
눈꼬리가 내려간 눈	눈 앞머리부터 중앙까지는 눈 형태에 맞게 그린다. 눈 뒤쪽으로 갈수록 눈 모양보다 아이라인을 살짝 들어올려 도톰하게 그려준다.	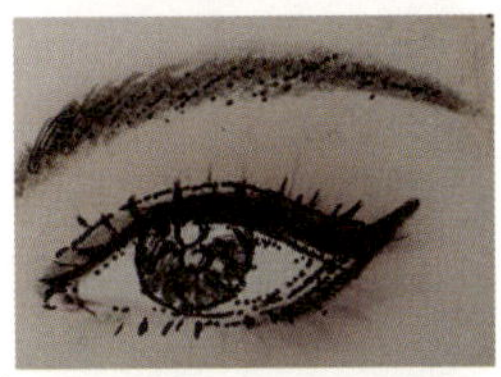
눈꼬리가 올라간 눈	눈 앞머리부터 중앙까지는 눈 형태에 맞게 그린다. 눈 뒤쪽으로 갈수록 눈 모양보다 아이라인을 길고 쳐지게 그려준다.	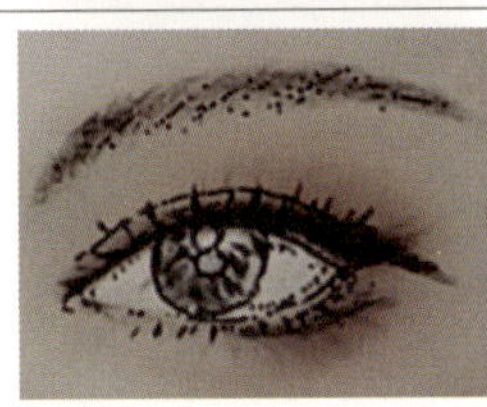

3. 아이래쉬 컬 사용법

① 시선은 아래를 보게 한 후 눈꺼풀을 들어 올려 아이래시 컬을 끼운다.

② 속눈썹의 뿌리, 중간. 눈썹 끝 3단계의 순서로 집어주면 자연스러운 컬을 연출할 수 있다.

4. 마스카라 사용법

① 시선은 아래로 하며 위에서 아래로 쓸어 올리듯 바른다.

② 눈썹 뿌리 쪽에서 눈썹끝 쪽으로 향해 쓸어내리듯 지그재그로 골고루 바른다.

③ 풍성한 속눈썹을 위해 다시 한번 덧발라준다.

④ 마스카라가 마르기 전 속눈썹이 뭉치지 않도록 전용 브러시로 빗어준다.

memo

C/H/A/P/T/E/R 09

립 메이크업 테크닉

1. 립 메이크업의 하는 방법

① 파운데이션과 파우더로 입술 색을 정돈해준다.

② 립 브러시나 펜슬로 입술라인을 그려준다.

③ 립 라이너와 같은 계열색의 립스틱을 전체적으로 펴 바른다.

④ 지속력을 위해 티슈로 유분기를 제거 해준 후 다시 한 번 덧발라주면 장시간 유지할 수 있다.

⑤ 립글로스를 덧발라 촉촉하고 윤기 있는 입술로 완성한다.

2. 립 라인에 따른 이미지

기본형태	이미지	
인커브	원래 입술라인보다 얇게 표현하는 테크닉으로 여성스럽고 귀여운 느낌을 준다.	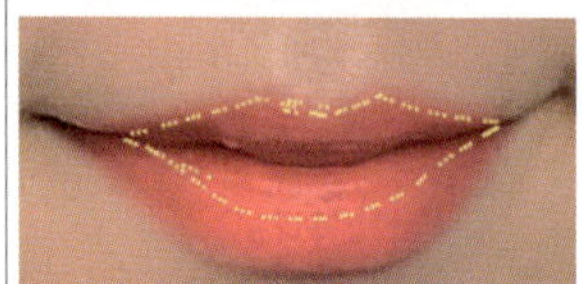
아웃커브	원래 입술라인보다 두껍게 표현하는 테크닉으로 섹시하고 성숙한 느낌을 준다.	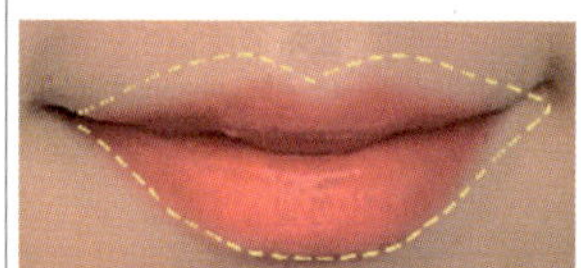
스트레이트 커브	입술라인을 직선형태로 표현하는 테크닉으로 활동적이며 지적인 느낌을 준다.	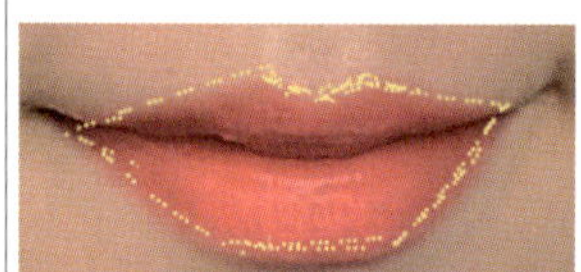

memo

C/H/A/P/T/E/R 10

블러셔 메이크업 테크닉

1. 블러셔 메이크업 하는 방법

① 블러셔를 바르는 위치는 동공 바깥쪽과 콧방울 위쪽에 터치해준다.

② 경계가 없도록 자연스럽게 표현해준다.

2. 얼굴형에 따른 블러셔 위치

얼굴형	블러셔 위치	
긴 얼굴형	블러셔를 가로형으로 길게 수평으로 터치해 얼굴이 짧아 보이도록 한다.	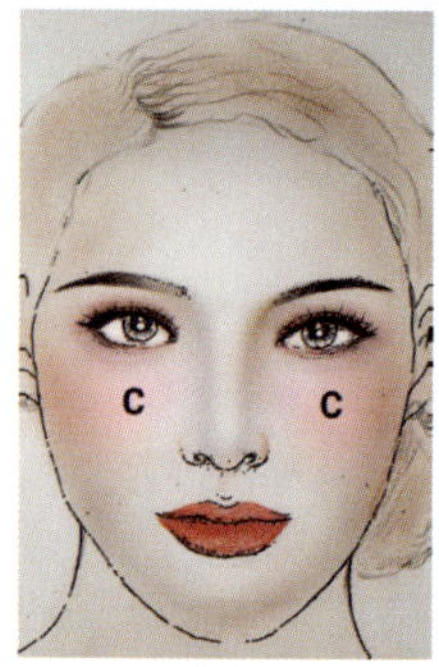
둥근 얼굴형	얼굴이 세로로 길어보이게 하기 위해서 사선 방향으로 블러셔를 넣어주어 날렵하고 세련미를 줄 수 있다. 광대뼈를 흐르듯이 표현하며 코 끝 아래로 내려오지 않게 주의한다.	

얼굴형	블러셔 위치	
사각얼굴형	블러셔를 광대뼈 뒤쪽에서 앞 방향으로 볼 중앙에 둥근 형태로 해주어 여성스러운 이미지를 더해준다.	
역삼각형	귓불부터 콧방울 쪽으로 수평으로 펴 바르듯이 부드럽게 터치해준다. 어두운 컬러 보다는 조금 밝은 컬러를 이용해 연출해주면 볼 살이 채워지는 이미지를 더해준다.	

P/A/R/T

4

기초 메이크업

메이크업은 색을 이용하여 표현되는 행위이다. 색채는 색조화장으로 여성의 얼굴에 표현되면 특히 눈과 입술, 볼에 색감에 따라서 아주 다양한 표현이 이루어진다. 메이크업에서 다양한 기술도 중요하겠지만 메이크업의 전체 분위기를 만들어 가는 것은 색감이라고 해도 과언이 아니다.

메이크업에 있어서 각각의 색이 지니고 있는 이미지를 어떻게 배색하며 조화 있게 표현 하는가에 따라서 창조적인 감각을 나타낼 수 있다. 단단한 색채 감각이야 말로 메이크업 아티스트에게는 중요한 감각이다.

색채 이미지란 사람들이 색채에 가지고 있는 이미지를 말한다. 색에 대한 개인이 갖는 주관적 경험과 보편적인 상징에 의한 객관적 경험을 통해 형성된다. 우리는 기초 메이크업에서 계절별 메이크업을 다룰 것인데 이에 색상에 대한 이해는 필수적으로 필요하다. 색상과 색조가 지니는 상징적인 이미지에 따라서 색조화장이 많이 변화하며 계절별 특성까지도 나타낼 수 있기 때문이다. 예를 들어 레드, 옐로, 오렌지 같은 난색 계열은 정열적이며 적극적이고 활발한 이미지를 나타내므로 색조화장에서는 생동감 있는 봄의 컬러로 많이 사용되며 귀엽고 활발한 이미지의 메이크업을 완성할 수 있다.

카키, 브라운, 그린 같은 중간 색상은 지적이고 차분한 느낌을 주면서 깊이감 있는 가을 느낌의 메이크업에 어울리고 블루나 퍼플 같은 한색계열의 경우 냉정하고 수동적인 이미지와 동시에 신비롭고 차가운 느낌을 주며 여름, 겨울 메이크업에 사용된다.

memo

C/H/A/P/T/E/R

01

내추럴 메이크업

1. Natural make-up

얼굴 모양이나 피부의 질감을 살리면서 가장 자연스럽게 보이기 위한 메이크업으로서 가장 기본적인 화장이다. 피부의 아름다움, 자연스럽고 입체감이 있는 눈자위, 혈색이 좋은 입술 등 건강한 이미지를 강조하며 자연스러움에 중점을 둔다.

1) 메이크업 방법

건강한 피부표현에 중심을 둔 자연스러운 메이크업으로 색상표현이 거의 없으며 어디에도 포인트를 주지 않은 느낌의 메이크업이다. 정리정돈 된 느낌의 메이크업이지 과한 색상이나 속눈썹 또는 인조속눈썹으로 표현하는 것은 내추럴 느낌과는 거리가 멀다.

① skin

가벼운 피부 표현을 위해 리퀴드 파운데이션을 사용한다.

② eyebrow

본인의 눈썹 색깔과 가장 비슷한 섀도 컬러를 선택해 아주 가볍게 쓸어주어 정리하며 특별한 모양을 잡기보다는 최대한 자연스럽게 채워준다.

③ eyes

펄이 없는 베이지 또는 피치 또는 핑크 톤으로 음영을 넣는 정도로 표현한다. 아이섀도의 색상을 선택하는 것에 따라 전체 이미지가 변하기도 하지만 내추럴한 메이크업 시에는 색상보다는 진하기와 기법이 중요하다고 할 수 있다.

* 피부색과 유사한 아이섀도 색상을 고르고 여러 색을 사용하기보다 한 가지 색상으로 음영 정도만을 표현하는 것이 좋다. 아이섀도에 기법을 넣어 표현하는 것보다는 자연스럽게 그라데이션하여 바른 듯 바르지 않은 듯 느낌만을 주는 것이 중요하며 콘셉트에 따라서 아이섀도는 생략할 수도 있다. 마스카라는 투명 또는 브라운을 사용할 수도 있으며 아이라인도 최대한 자연스럽게 점막만을 채우는 느낌을 주는 것이 좋다. 점막만 채우는 아이라인을 할 경우 아이섀도나 파우더가 눈 주위에 충분히 도포 되어 있지 않은 경우 유분으로 인한 번짐 등이 있을 수 있으니 워터프루프 제품을 사용하거나 면봉 등을 사용하여 유분기를 충분히 제거한다.

④ cheeks

피치 또는 컬러를 사용하여 광대 바깥쪽에서 안쪽을 자연스럽게 블렌딩한다.

⑤ lips

살몬 또는 베이지 핑크색을 사용하여 자연스럽게 표현한다.

2) 내추럴 메이크업 느낌

위에 사진에서 볼 수 있듯이 내추럴 메이크업은 자연스러운 느낌에 어떠한 포인트 없이 건강한 표현을 한 메이크업이다. 첫 번째 사진과 같이 베이지와 피치톤이 주를 이루는 메이크업을 할 경우에는 더욱 더 자연스럽게 표현될 수 있으며 두 번째 사진과 같이 핑크톤이 가미된 메이크업을 할 경우에는 여성스러운 느낌을 줄 수 있다.

내추럴 메이크업은 일상생활에서 행해지는 메이크업이며 장점은 유행을 타지 않고 자연스러운 표현을 하기 때문에 오랜 시간이 지나서 봐도 촌스럽지 않은 세련됨이 있는 것이다. 가장 세련된 것은 심플한 것이라는 이야기가 있듯이 얼굴에 잘 어울리는 내추럴 메이크업은 가장 세련되게 표현되는 경우가 많고 패션쇼나 모델들이 주로 하며 화장품 광고에서도 많이 활용되고 있다.

내추럴 메이크업의 단점은 아무래도 가벼운 화장이기 때문에 지속 시간이 짧을 수 있다는 것과 단점을 보안하거나 장점을 극대화하기는 어려운 화장이라는 것이다. 여러 가지 기법과 색상을 넣다보면 내추럴 메이크업의 본질이 흐려지기 때문에 있는 그대로의 얼굴을 잘 정돈하는 메이크업에 중점을 두고 행하여야 한다.

가장 쉬운 것이 가장 어렵듯 알고 보면 가장 어려운 메이크업이라고 아티스트들은 말한다. 내추럴 메이크업은 무엇보다도 표시가 나지 않게 그 사람의 단점을 가리고 장점을 돋보이게 하려는 노력과 동시에 자연스러워야 하기 때문이다.

영상미의 발전과 내추럴함을 추구하는 현대사회에서 방송 드라마 및 웨딩 화장도 내추럴한 느낌을 많이 추구하고 있다. 피부 톤에 맞는 화장품 특히 파운데이션을 잘 선택하고 느낌과 음영을 살리는 색상을 잘 선택하여 메이크업을 하는 것이 좋다.

C/H/A/P/T/E/R 02

봄 메이크업

1. Spring color

봄은 채도가 높고 밝고 명랑한 톤이며 젊고 생기 있는 느낌을 준다. 채도가 높은 노랑을 베이스 컬러로 가지고 있기 때문에 밝고 따듯한 톤을 기본으로 가지고 생동감 있는 컬러를 사용한다,
봄의 색을 가진 사람들은 주로 브라운 컬러의 헤어와 눈동자를 가지고 있으며 사랑스럽고 귀여운 이미지로 많은 한국 사람이 봄 웜톤의 피부색을 가지고 있다.

2. 봄철의 피부 특성

봄은 차가운 겨울이 지나 새롭게 시작 되는 사계절의 시작이다. 겨울에서 봄으로 넘어가는 환절기에 갑작스러운 기온 변화로 피부의 알레르기, 면역력 약화, 꽃가루 알레르기 등 피부에 접촉성 피부염이나 갑작스러운 분비물의 증가로 피부트러블이 일어나기 쉽다. 또한 갑작스러운 기온 변화에 따른 건조한 고이와 바람 때문에 피부에 있던 수분이 쉽게 날아가 피부표면이 건조하고 거칠어지기 쉽다.

① 겨울 내 소홀히 했던 자외선 차단크림을 꼭 발라 갑작스럽고 과다한 햇빛 노출에 유의한다.

② 유 · 수분 조절이 될 수 있도록 피부 진정 및 보습제를 바라 건조하지 않게 관리한다.

③ 미세먼지와 일교차로 표피속에 피지가 고여 피부가 가렵고 염증이 생기기 쉬우니 외출에는 반드시 바깥공기의 더러운 먼지와 노폐물을 씻어낸다.

3. 봄 메이크업 특징

사랑스럽고 귀여운 이미지가 느껴지도록 하는 것이 중요하며 비교적 가벼운 피부표현과 사랑스러운 색조 화장은 봄 컬러의 사용하면 된다. 대표적인 색상으로 피치, 코럴, 오렌지 등을 사용하며 부드럽고 따듯한 느낌을 주는 메이크업이다. 포인트 메이크업을 하기 보다는 전체에 내추럴 메이크업의 느낌에서 약간의 색조 메이크업을 한 메이크업이 가장 잘 어울린다.
직선형 눈썹보다는 아치형의 브라운 눈썹, 직선형 입술보다는 오버한 라운드 립에 글로시한 립 표현, 마스카라 아이라이너 등도 검정보다는 브라운을 사용하여 최대한 따뜻한 느낌으로 표현하는 것이 올바르다.

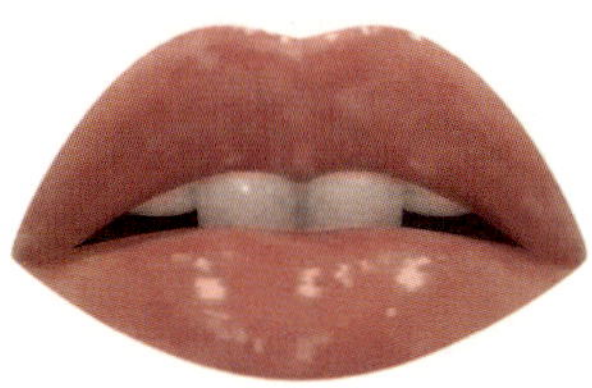

1) 메이크업 방법

① skin

명도가 높고 채고는 낮은 밝고 생기 있는 표현이 중요하다. 아이보리, 옐로, 피치 베이지, 내추럴 베이지 컬러를 이용하여 밝고 투명한 피부 표현을 한다. 가벼우면서도 따듯한 느낌 표현을 위해 리퀴드 파운데이션을 추천하며 파우더로 가볍게 유분기를 잡아주어 지속성을 유지한다.

② eyebrow

눈썹을 자연스럽게 표현하되 브라운 계열에 곡선형이 봄에 어울리는 눈썹이 되겠다. 얇은 눈썹보다는 두꺼운 눈썹이 귀여운 느낌을 준다. 또한 직선형보다는 곡선형이 부드러운 인상을 준다.

③ eyes

밝고 화사한 파스텔 계열의 색상은 봄 메이크업과 모두 어울린다. 오렌지 컬러나 피치 계열 또는 코랄, 연 핑크 등의 컬러로 자연스럽게 표현하고 어두운 컬러 사용은 하지 않아 색감이 탁해져 명도와 채도를 떨어트리지 않게 유의한다. 아이 섀도 컬러 사용에 자신감이 있다면 연두색, 주황색등을 이용한 포인트 메이크업도 좋다. 검정에 아이라이너가 진하게 표현되거나 과도한 블랙 색상의 마스카라 사용보다는 브라운 계열에 자연스러운 느낌을 통해 전체적인 화사함을 잊지 않는다.

④ cheeks

아이섀도 색상과 동일한 느낌의 색상을 사용해도 되고 핑크와 오렌지의 믹싱 등으로 발랄하게 표현할 수 있다. 다만 광대를 감싸기 보다는 위치가 얼굴의 볼 앞쪽 부분에 자연스럽게 그라데이션 되게 표현 한다면 귀여운 느낌을 줄 수 있다.

⑤ lips

피치 오렌지, 핑크, 오렌지 등 봄에 어울리는 색상으로 표현하데 페일한 색상 보다는 채도가 높은 비비드한 색상을 입술중앙에 포인트 컬러로 사용하여 생동감 있는 느낌을 줄 수 있다. 매트한 표현보다는 글로시한 느낌이 잘 어울리며 직선형 립 라이너보다는 라이너를 사용하지 않고 자연스럽게 오버 립 라운드 형태로 표현한다.

2) 메이크업 느낌

C/H/A/P/T/E/R 03

여름 메이크업

1. Summer color

여름은 무더위의 계절이다. 강렬한 태양아래 바랜 듯한 컬러들이 더운 느낌을 없애 주고 또는 아주 비비드한 쨍한 컬러들을 이용한다. 쿨톤의 저명도 중채도 색상을 사용하여 소프트 하면서 우아한 분위기가 나게 하고 깨끗하고 투명한 색상으로 차가운 느낌의 색상을 사용한다.

여름 쿨 톤은 흰색을 베이스 컬러로 가지고 있기 때문에 채도가 낮은 톤 이 많으며 여성스러운 이미지 컬러가 많다. 창백한 피부의 페일한 얼굴색으로 아이보리 계열보다 흰색 셔츠가 잘 어울리는 사람의 많다.

2. 여름철의 피부 특성

여름은 땀과 피지의 분비가 가장 활발한 계절로 피부는 쉽게 더러워지며 메이크업 또한 쉽게 지워진다. 여름의 강렬한 태양아래의 피부는 건조함과 동시에 피지 조절 능력을 잃게 되고 번들거리면서도 건조한 느낌을 받을 수 있다. 이로 인해 두터워진 각질로 피부가 거칠어 보이고 피부색이 탁해 보일 수 있으며 강한 자외선으로 인한 피부 광노화, 색소 침착도 일어나기 쉽다.

① 피부의 강한 자외선 노출을 삼가고 유분보다는 수분이 많은 제품을 사용한다.
② 차가운 토너를 사용하여 얼굴의 열감을 잡아 트러블을 방지 한다.
③ 자외선 차단제를 여러 번 바르는 것이 중요하며 바캉스, 휴가 등의 강한 자외선 활동 후에는 진정팩 등을 이용해 피부를 보호하여야 한다.

3. 여름 메이크업 특징

한색계열의 시원한 색상 블루, 민트 등 활동감 있고 차가운 메이크업을 해야 보는 사람도 답답해 보이지 않는다. 브라운 보다는 검정을 많이 사용하고 대담하고 원색적인 컬러를 이용하여도 어색함이 없는 계절이다. 비비드한 색상이나 형광색이 가미된 색상들을 이용하여 포인트 메이크업하고 피부는 가볍게 표현한다.

1) 메이크업 방법

① skin

자외선 차단제를 바른 후 메이크업 하고 땀과 피지선 분비에 지속성이 떨어져 얼룩져 보일 수 있으므로 가볍게 표현하거나 롱 래스팅 제품을 사용한다. 크림 파운데이션 스틱 파운데이션 등은 유분기가 많아 피지선 발달을 더 강하게 하므로 가벼운 리퀴드 파운데이션을 사용하여야 한다. 겨울철 메이크업보다 한톤 어두워진 얼굴 톤을 느낄 수 있을 것이다. 여름 피부색에 맞는 파운데이션을 사용하여 목과 색상 차이가 나지 않게 유의하고 태닝 메이크업을 시도해 볼 수도 있다.

② eyebrow

검정색의 각진 눈썹을 시도하여 차갑고 시원한 느낌을 줄 수 있다. 다만 검정에 각진 눈썹을 표현할 때 너무 진하거나 두꺼우면 남성적 느낌을 줄 수 있으니 유의하여야 한다. 여름은 염색을 밝은 컬러로 하는 경우가 많아 머리색에 맞게 하는 것도 좋고 만약 입술에 포인트를 주는 메이크업을 할 것이라면 눈썹은 강조하지 않는다.

③ eyes

흰색을 베이스 컬러로 전체를 발라주면 다음 사용될 블루 등의 여름색상을 더 잘 표현할 수 있다. 푸른 계열의 아이섀도 전체를 사용할 경우 너무 진해지지 않게 표현하며 눈의 앞이나 뒤를 강조하여 사용하면 부담스럽지 않게 사용 가능하다.

④ cheeks

둥근 형보다는 사선형으로 떨어지는 치크가 잘 어울리며 색상을 선택할 때 채도를 낮추어 시원한 느낌을 줄 수 있다. 블루계열의 섀도 에는 페일 핑크가 잘 어울리며 포인트 메이크업 시에는 생략해도 무방하다.

⑤ lips

여름 메이크업은 립 컬러에 따라서 다양한 연출이 가능하다. 만약 립을 포인트로 주는 메이크업을 했다면 아주 비비드한 채도가 높은 컬러를 선택 하여 입술이 돋보이게 표현하며 곡선보다는 직선표현이 잘 어울린다. 원 포인트 메이크업 시는 아래의 사진과 같이 다른 메이크업을 최소화하여야 깔끔한 느낌이 들고 아이섀도 등에 포인트를 주면 과한 느낌이 될 수 있다.다만 검정색의 길게 빠진 아이라인은 잘 어울린다. 입술에 포인트를 주는 메이크업이 아니라면 연한 핑크색이나 누드 톤을 이용하여 블루 계열의 아이섀도를 돋보이게 할 수 있다.

2) 메이크업 느낌

C/H/A/P/T/E/R 04

가을 메이크업

1. Autumn color

가을은 낙엽을 떠올리면 그 색을 짐작할 수 있다. 황색을 베이스 컬러로 가지고 있어 짙고 부드러운 컬러가 많으며 내추럴 면서 클래식한 이미지 컬러가 많다. 4계절 중 가장 다양한 컬러를 포함하고 있다. 중명도 , 중채도의 색상으로 웜 톤이며 짙은 색상과 깊이감 있는 색상이 주를 이룬다.
가을 웜톤은 봄 웜톤과는 다른 깊이감 있는 따듯한 느낌이 많다. 고상하고 우아한 느낌을 주로 가지고 있으며 톤에 관계없이 특유의 깊이감과 풍부함으로 메이크업 시 가장 많이 사용되는 톤 컬러이다.

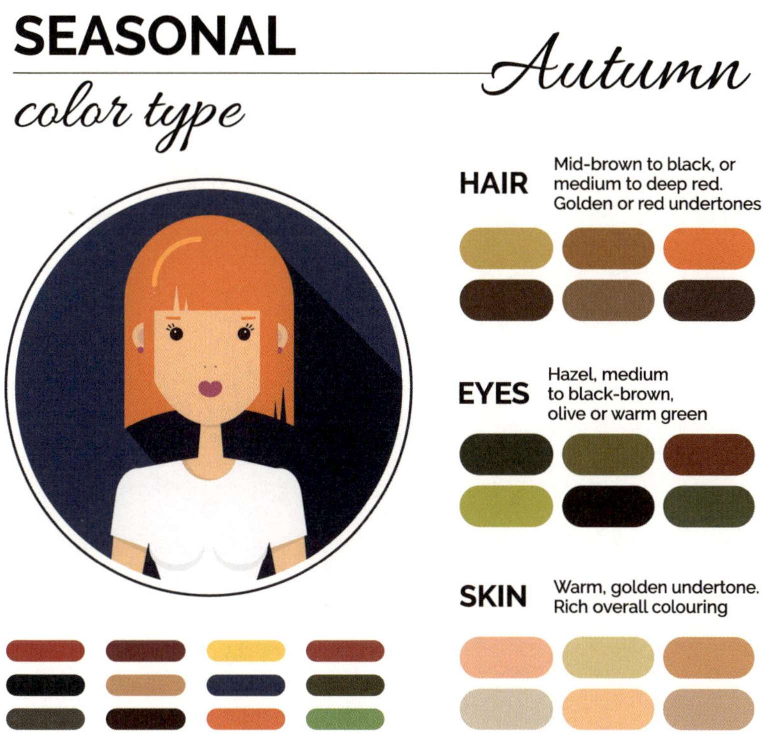

2. 가을철의 피부 특성

여름에 자외선에 영향을 받았던 피부가 가을 바람과 함께 그 결과를 내어 놓는 계절이다. 겨울을 준비하는 바람이 차고 건조해져 가을 피부는 유난히 피부가 건조하고 하얀 각질까지 일어나는 경우가 많다. 피부가 당기고 거칠어지면 각질이 일어날 수 있는 적신호이니 수분관리에 신경 써야 한다.

① 각질이 일어났을 경우 스팀수건을 이용하여 각질을 불려 자극 없이 제거한다.
② 유분과 수분이 모두 부족한 계절이니 보충에 각별한 신경을 쓴다.
③ 얼굴 마사지 등으로 피부의 탄력을 주어 겨울을 대비하는 것이 좋다.

3. 가을 메이크업 특징

한참 유행했던 MLBB컬러(My lips but better의 약어. '내 입술같이 자연스러우면서도 본래의 입술보다 더 좋아 보인다'는 뜻으로 주로 말린 장밋빛의 립스틱을 표현할 때 많이 쓰인다), 빈티지 브라운 색 등이 모두 가을 메이크업에서 사용할 수 있는 컬러이다. 윤곽 메이크업, 스모키 메이크업 등 입체감 있고 풍부한 색상의 메이크업을 도전할 수 있다. 지적이며 성숙한 여성의 이미지 또는 섹시한 이미지를 가질 수 있으며 카키, 브라운톤으로 강약을 조절하여 깊이감 있는 표현을 한다.

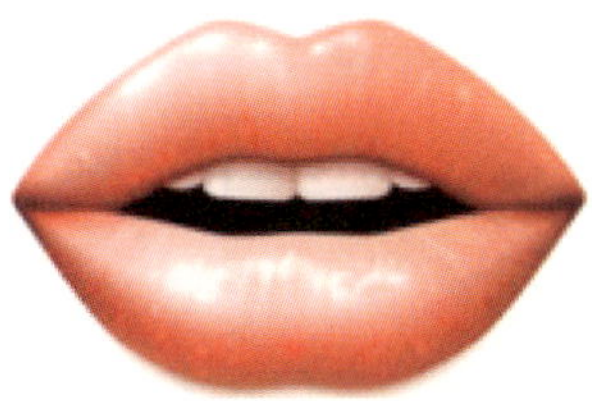

1) 메이크업 방법

① skin

베이지 계열의 파운데이션으로 너무 밝지 않은 톤을 선택하여 발라준다. 컨투어링 메이크업을 위해서는 리퀴드 파운데이션보다는 유분감이 많은 크림 타입을 사용해야 커버력이 좋아지고 하이라이트와 쉐 컬러를 그라데이션하기 좋다. 입체감 있는 베이스 표현 시 파운데이션으로 하이라이트와 셰이딩 표현 후 파우더를 발라 유분을 잡아주고 베이스의 지속력을 높여 다른 색조 화장의 토대를 마련해 준다.

② eyebrow

브라운 계열의 곡선형의 눈썹이 어울리면 아이섀도를 강하게 표현할 경우 너무 진하거나 두꺼운 눈썹은 답답해 보이며 아이섀도의 범위를 넓히는 데 방해가 된다. 가늘고 곡선형으로 그리며 브라운 눈썹 마스카라 등으로 정리하면 메이크업의 완성도가 높아질 수 있다.

③ eyes

스모키 메이크업은 연기(smoke)가 피어오르는 듯한 모습에서 나온 이름이며 눈 아이라인을 중심으로 연기가 피어오르듯 점점 연하게 그라데이션하는 방법을 사용한다. 처음 메이크업 시 그라데이션의 어려움 등이 있으나 무른 타입의 유성 펜슬을 이용하면 쉽게 표현 할 수 있다. 여러 번의 겹을 쌓아서 표현하며 자연스럽게 그라데이션이 되고 유사 색상을 여러 번 겹쳐서 깊이감을 표현할 수 있다. 골드, 브라운, 카기 등 저채도의 색상을 사용하며 저채도 색상만을 사용했을 시 너무 어두워 보일 때는 골드 펄 등을 이용해 포인트를 주면 한결 정리되며 포인트가 된다.

④ cheeks

브라운 색상과 피치 색상을 섞어서 사용하면 풍부하면서도 입체감 있는 표현이 가능하다. 이때 브라운으로 얼굴 전체를 쓸어주어 입체감 있게 표현할 수 있다.

⑤ lips

립은 진하게 혹은 연하게 표현할 수 있는데 벽돌색이나 와인색을 이용하여 더욱 풍부하게 표현할 수 있고 부담스러울 경우에는 베이지 컬러를 이용하며 눈만 강조한 메이크업을 할 수 있다. 립 색상을 고를 때 반드시 저채도 색상을 골라야 가을 느낌을 살릴 수 있다.

2) 메이크업 느낌

C/H/A/P/T/E/R 05

겨울 메이크업

1. Winter color

겨울은 채도가 높고 선명하며 도시적인 컬러를 사용한다. 극적인 대비, 대조 컬러를 사용하여 강한 느낌을 많이 가지고 있으며 고명도 저채도 색상이다. 겨울은 블랙을 베이스 컬러로 가지고 있어 선명한 톤의 컬러가 많다 4계절 중 가장 강렬한 느낌의 컬러가 많다.

겨울 쿨톤은 도시적이고 세련된 이미지로 모노톤과 블랙계열의 잘 어울리며 염색모보다는 블랙 색상의 머리가 잘 어울리며 퍼머 등은 어울리지 않는 특성이 있다. 여름 쿨톤은 차갑지만 그레이시한 컬러라면 겨울 쿨톤은 아주 창백하고 선명하고 강한 컬러라고 할 수 있겠다.

2. 겨울철의 피부 특성

겨울철은 기온이 떨어지면서 혈액순환과 신진대사의 능력도 떨어진다. 이에 따라 땀과 피지의 분비가 적어져 극도로 거칠어지게 된다. 특히나 겨울은 난방을 하게 되면서 표면의 수분이 증발되고 피부의 수분 또한 빼앗겨 매우 건조하다.

① 실외활동으로 체온이 낮아진 부분의 볼 등이 틀 수 있으니 주의한다.
② 수분 크림을 수시로 바르고 꼭 필요한 유분도 공급해 주어야 한다.
③ 스키장 등 눈이 왔을 때는 쌓인 눈이 햇빛에 반사되니 자외선 차단제를 바른다.

3. 겨울 메이크업 특징

겨울은 어두운 색상의 옷을 입을 일이 많고 햇빛 노출이 적어지면서 피부톤이 밝아진다. 그에 맞추어 피부톤도 밝게 표현하고 심플하고 단아한 메이크업을 하며 콘트라스트가 강한 선명함을 주는 것이 좋다.

풍부한 색감보다는 심플한 이미지의 메이크업이 적절하며 가을이 브라운 계열의 스모키 메이크업이었다면 겨울은 블랙 계열의 스모키 메이크업이라고 할 수 있다. 그에 맞춰 입술색도 채도가 더 낮아져 아주 어두운 색상들이 주를 이룬다.

메이크업의 기본 색상이 블랙이라고 생각하고 메이크업 하면 색상을 맞추기가 쉽고 너무 칙칙해지는 것을 대비하기 위해 한 톤 밝은 베이스를 선택한다.

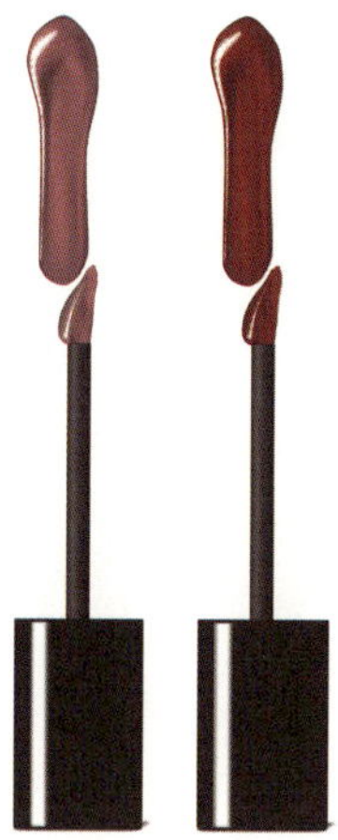

1) 메이크업 방법

① skin

유분과 수분을 보충하여 메이크업을 하기 전 촉촉한 피부 표현을 하고 피부톤을 한 톤 정도 밝게 표현한다. 옐로 베이스보다는 퍼플 베이스 등을 이용해 창백한 피부표현을 하면 대비를 더 줄 수 있어 겨울 메이크업의 느낌이 난다.

② eyebrow

브라운보다는 검정 색상을 이용하여 눈썹 산을 살린 직선형 표현으로 이지적이고 깔끔한 느낌 표현에 주력한다.

③ eyes

깊이감 있는 표현을 할 수도 있고 아이라인만을 이용해 표현할 수도 있다. 깊이감 있는 아이섀도 사용 시 콘트라스트를 주는 것을 잊지 말고 블랙 색상으로 포인트를 주어 채도를 낮게 하여 겨울 느낌을 준다. 아이라인으로 포인트를 준 메이크업을 할 때는 베이스를 흰색에 가까운 컬러로 선택해 아이라인과 섀도의 대비를 강조하여 세련미 있게 표현한다.

④ cheeks

겨울은 원포인트 메이크업으로 아이나 립에 중점을 두는 메이크업이다. 치크는 강하게 표현하지 않고 느낌만을 주는 것이 좋으며 차가운 색상을 활용한다.

⑤ lips

아이라인만을 강조하고 싶다면 아주 페일한 컬러의 립을 통해 대비효과를 주고 립을 강조하는 메이크업을 한다면 저채도의 색상을 활용하여 느낌을 준다. 이때 립라이너를 이용하여 입술을 구각을 직선형으로 그려주면 깔끔한 입술표현과 지속력을 가질 수 있다. 글로시한 표현 보다는 매트한 표현을 하거나 아주 글로시하게 표현하기도 한다.

겨울메이크업은 다른 계절에 비해 특성이 적으며 어떤 분야에 어떻게 적용하는가에 따라 다르게 표현 될 수 있다. 가을 느낌에서 조금 더 어두운 느낌을 겨울 메이크업이라고 할 수도 있고 여름 메이크업에서 대비를 더욱 강조한 메이크업이라고 할 수도 있다. 하지만 봄 메이크업과는 차이가 극명하니 이점을 유의하여야 한다.

2) 메이크업 느낌

C/H/A/P/T/E/R 06

계절별 메이크업의 비교

Spring Make-up

Summer Make-up

Autumn Make-up

Winter Make-up

참고문헌

강근영, 류지원, 오인영, 이숙연(2020). All ABOUT MAKEUP 메이크업의 모든 것, 메디시언

권태순, 송미영(2007). 메이크업 베이직. 훈민사

김기영, 권오혁, 김경란, 김서희, 김연숙, 박은준, 안경민, 이숙영, 이현숙, 최은미(2019). 에센스 미용학 개론. (주)지구문화

김남희(2003). 기초 메이크업. 예림

김명숙 편저(2006). 피부관리학 이론과 실제. 현문사

김서희. 변세미, 이희빈, 정서우, 정은하, 정화영, 조아영(2021). 미용안전·보건. (주)지구문화

김유리(2020.11). 20-30대 남성의 메이크업 행동이 자아존중감과 대인관계에 미치는 영향, 광주여자대학교 교육대학원 교육학과 미용교육전공 석사논문

김유정, 이강미(2016). NCS기반 기초메이크업 실습서. 구민사

승준열, 이윤진(2020). 다양한 피부색과 입술색간의 관계가 메이크업 인상에 미치는 영향, 한국 색채학회 논문집

여상미(2013). 미용학개론. 교문사

정하은, 강지선, 김수정, 송다정, 유안나, 윤남경, 이영숙, 이지은, 최슬기, 최자양, 허윤성(2021). 미용의 기초. (주)지구문화

네이버 지식백과 https://terms.naver.com/

나무위키 https://namu.wik